『石油産業と自動車産業のグリーンリカバリー』

〈著者〉 幾島賢治
幾島嘉浩
幾島將貴

JN022987

シーエムシー出版

はじめに

　2021 年は 2020 年と同様に，人類は今まで経験したことのないしたたかで賢く，やっかいな新型コロナウイルス感染の影響で恐怖の幕開けとなり，世界で流れる映像はまるで第三次世界戦争を彷彿させる様相を呈している。ウイルスは生物でなくたんぱく質の殻とその内部にデオキシリボ核酸（DNA）かリボ核酸（RNA）を包んでおり，自分では増殖できないが，コロナウイルス感染は幾何学級数的に短期間で 2 倍，4 倍の倍々速度の想像を絶する汚染力で伝播している。今までの人類の明日は今日の延長で想像する速度での経験からすれば，この倍々速度の感染は人類の想定外である。

　2019 年 12 月に湖北省武漢市で，不明のウイルス性肺炎として図 1 の最初の症例が確認されて以降，中国全土に感染が拡がり，その後，世界の地域に 3 ヵ月で拡大していった。新型コロナウイルスの発火点となった武漢では新型コロナに感染した人やその疑いを持つ人が病院に押し寄せて，診察できない人が街にあふれ出し，突貫工事で病棟を建てるとともに，人民解放軍の医療スタッフを投入して治療にあたったが，医療崩壊を呈した。

　武漢市では 2020 年 1 月 23 日から 2 カ月以上にわたって，市民の外出や企業の操業が厳しく制限された。3 月 21 日から一定条件の下で企業の操業再開が許可

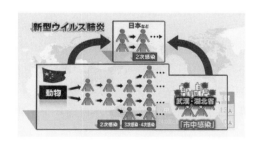

図 1　新型コロナウイルスの感染経路
（引用：NHK のホームページ）

された。しかし 2020 年第 1 四半期（1〜3 月）の域内総生産（GRP）は，前年同期比 40.5% 減の大幅なマイナスとなった。

　武漢で封じ込めに失敗した中国政府は医療崩壊が全国に波及しないように湖北省を都市封鎖（ロックダウン）するとともに，感染が初期段階にあった北京や上海などその他の地域でも外出制限や店舗閉鎖など，厳しい新型コロナウイルス対策を講じた。その結果，新たに感染が確認された症例が減少するとともに，時間を経るにしたがって治療を終えて退院する人が増えたため，中国全国の現存感染者数は 2020 年 2 月をピークに減少した。

　武漢では医療崩壊が収束するとともに，3 月 10 日には突貫工事で建設された病棟をすべて閉鎖，4 月 8 日には 1 月 23 日から続いていた封鎖措置を解除した。

　2021 年 4 月時点で中国の累計感染者数は 10 万 3,000 人以上となっている。

　世界保健機関（WHO）は，2020 年 1 月 30 日に世界的感染（パンデミック）として緊急事態を宣言した。感染が他の国でも拡大する恐れがあるとし，各国に感染対策を促した。6 月に入り，欧米，東南アジアでは少し回復してきているが，アフリカ，南米ではまだまだ終息が見えず人類とは長いお付き合いが予想され，最終的な解決策としてのワクチンの開発と医薬品の開発が急務となっている。

　2021 年 4 月現在，世界の新型コロナウイルスの感染者数は 1 億 3,700 万人を超え，少なくとも 309 万人以上が死亡した。

　一方，コロナウイルス汚染が世界の経済活動をある日突然停止状態にしたことは，世界の経済を崩壊させた。国際通貨基金（IMF）は，2020 年の世界 GDP 成長率が −3.0% になるとの予測を発表した。この負の成長率は 2008 年のリーマン・ショック時の −0.1% を遥かに超える値で，1929 年の世界恐慌以来の大恐慌となる。この大恐慌は各界でコロナ・ショックと称され，コロナ・ショックで家に閉じこもる経済が出現し，世界経済の在り方は大きく変化してきた。

　更には，国際エネルギー機関（IEA）は 4 月 30 日，新型コロナウイルスによる世界的感染の影響で 2020 年の世界のエネルギー需要量は過去 70 年以上の間で最大下げ幅の 6% 減となるほか，これにともないエネルギー関係の CO_2 年間排出量も約 8% 減という記録的な削減になるとの見通しを発表した。特に原油は余剰傾向になり，価格は大幅に下落して，先が全く読めない状態である。また，自動車産業は IT と AI の組合せで CASE の時代の真っただ中である。

本書では，コロナ・ショックで世界のシステムが大逆転したなかで，コロナウイルス感染の第2波および第3波の恐怖を感じつつ，世界産業の基幹の両輪である石油産業と自動車産業について現状と将来について述べる。

　2021 年 4 月

幾島賢治，幾島嘉浩，幾島將貴

石油産業と自動車産業のグリーンリカバリー

はじめに

第1章　新型コロナウイルスによる都市封鎖 （ロックダウン）の恐怖

第2章　緊急事態宣言での伊予，坂の上の雲の 舞台の奮戦

第3章　ITとコロナショックで社会システムが大逆転

第4章　エネルギー産業の現状と将来

第5章　自動車産業の動向

第6章　コロナ禍と地球環境のグリーンリカバリー

第1章　新型コロナウイルスによる都市封鎖（ロックダウン）の恐怖

新型コロナウイルス感染症（COVID-19）は，重症急性呼吸器症候群（SARS），中東呼吸器症候群（MERS）およびエボラ出血熱（EVD）のように，動物から人に伝播する感染症である。宿主はコウモリの可能性が高いと推定されており，新型コロナウイルスはコウモリから見つかったウイルスにもっとも近く，遺伝子構造の96％が一致している。

1　新型コロナウイルスとは

図1の新型コロナウイルス（SARS-CoV2）はコロナウイルスのひとつで，風邪の原因となるウイルスと類似している。ウイルスは物の表面について時間が経過すれば死滅するが，新型コロナウイルスは，プラスチックの表面では最大72時間，ボール紙では最大24時間生存する。一般的には飛沫感染および接触感染で感染し，閉鎖した空間で，近距離で多くの人と会話するなどで，咳やくしゃみなどでも感染する。飛沫感染では感染者の飛沫（くしゃみ，咳，つばなど）と一

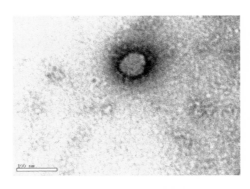

図1　コロナウイルスの透過型電子顕微鏡
（引用：東京都健康安全研究センター）

緒にウイルスが放出され，他の方がそのウイルスを口や鼻などから吸い込んで感染する。

　接触感染では感染者がくしゃみや咳を手で押さえた後，その手で周りの物に触れるとウイルスがつき，他の方がそれを触るとウイルスが手に付着し，その手で口や鼻を触ることにより粘膜から感染する。

2　私たちが安心する国の対策

　国民が安心するための第一歩は感染の検査であり，また，全体の目安としては政府が発信する緊急事態宣言である。

2.1　コロナウイルス感染の検査

　新型コロナウイルスの感染対策は，流行の第2波・第3波に備える段階に入っており，状況が落ち着いている時に感染状況を的確に把握できる検査体制を確立させておく必要がある。全国民を100%検査して，全感染者を個別に抑え込むことは厳しいが，RPC検査および抗体検査を実施して，各検査の長所を組み合わせて，感染の全体像をつかむ必要がある。

2.1.1　PCR検査

　感染の有無を確かめる図2のPCR検査は，鼻の奥の粘液などにあるウイルス特有の遺伝子を専用装置で増幅して検出するため，精度が高いが時間がかかり，検体の輸送も必要なため実施件数に限りがある。

　PCR検査は，政府が実施可能件数を1日20,000件まで増加するとしているが，実施数は多い日でも9,000件台に留まっている。今後，増加の必要があり，政府では増加を進めている。

2.1.2　抗体検査

　5月13日に承認された図3の抗原検査は15〜30分でウイルスを検出できるインフルエンザの感染確認にも使われている簡易キットと同じ仕組みである。

　抗原検査については，30分程度で結果が出ること，特別な検査機器や試薬を必要としないこと，検体を搬送する必要がないことなど，大きなメリットがある。一方でPCR検査と比較して検出に一定以上のウイルス量が必要である（感度がPCR検査よりも低い）という課題もある。PCR検査と組み合わせて活用するこ

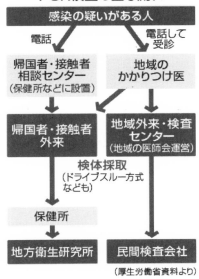

図 2　PCR の検査体制

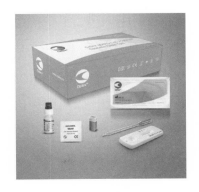

図 3　抗体検査図
（引用：Cellex 社製）

とで，重症者について速やかに判定し医療につなげられること，判定に急を要する救急搬送の患者に使うこと，症状のある医療従事者や入院患者の判定を速やかに行うことなど，効果的な検査の実施が期待される。

3

検査種類	抗原検査	PCR 検査
検査内容	ウイルスを特徴づけるたんぱく質（抗原）	ウイルスを特徴づける遺伝子配列
精度	検出には，一定以上のウイルス量が必要	抗原検査より少ない量のウイルスを検出できる
検査実施場所	検体採取場所で実施	検体を検査機関に搬送して実施
判定時間	約 30 分	数時間＋検査機関への搬送時間

なお，感度の問題もあり，当面はまず症状のある方に抗原検査を行い，陰性の方には念のため PCR 検査を行う，という PCR 検査との併用を予定している。

3　日常生活で行える感染防止方法

感染が発生したときは身も心も耐えきれず日常生活が崩壊しうるため，身近なところから図 4 の感染防止を実施する必要がある。

3.1　日々の感染防止方法

- 新型コロナウイルスの出現に伴い，飛沫感染や接触感染，さらには近距離での会話への対策をこれまで以上に取り入れた生活様式を実践していく必要がある。
- 新型コロナウイルス感染症は，無症状や軽症の人であっても，他の人に感染を広げる例がある。新型コロナウイルス感染症対策には，自らを感染から守るだけでなく，自らが周囲に感染を拡大させないことが不可欠である。そのためには個人の心がけが重要である。
- 人と身体的距離をとることによる接触を減らすこと，マスクをすること，手洗いをすることが重要である。個人の日常生活の中で「新しい生活様式」を心がけることで，新型コロナウイルス感染症をはじめとする各種の感染症の拡大を防ぐことができ，自身のみならず，大事な家族や友人，隣人の命を守ることにつながる。

新しい生活様式として，政府は，「感染拡大防止」と「社会経済活動」を両立させるための図 5 の新しい生活様式を示した。すなわち，「手洗い，咳エチケットなどの感染対策」，「『3 つの密』の回避」，「人との接触を 8 割減らす 10 のポイ

新型コロナウイルスを防ぐには

新型コロナウイルス感染症とは

発熱やのどの痛み，咳が長引くこと（1週間前後）が多く，強いだるさ（倦怠感）を訴える方が多いことが特徴です。

感染しても軽症であったり，治る例も多いですが，季節性インフルエンザと比べ，重症化するリスクが高いと考えられます。重症化すると肺炎となり，死亡例も確認されているので注意しましょう。

特に**ご高齢の方や基礎疾患のある方は重症化しやすい可能性**が考えられます。

新型コロナウイルスは**飛沫感染と接触感染により感染**します。空気感染は起きていないと考えられていますが，閉鎖した空間・近距離での多人数の会話等には注意が必要です。

飛沫感染	感染者の飛沫（くしゃみ，咳，つばなど）と一緒にウイルスが放出され，他の方がそのウイルスを口や鼻などから吸い込んで感染します。
接触感染	感染者がくしゃみや咳を手で押さえた後，その手で周りの物に触れるとウイルスがつきます。他の方がそれを触るとウイルスが手に付着し，その手で口や鼻を触ると粘膜から感染します。

日常生活で気を付けること

まずは**手洗い**が大切です。外出先からの帰宅時や調理の前後，食事前などにこまめに石けんやアルコール消毒液などで手を洗いましょう。

咳などの症状がある方は，咳やくしゃみを手で押さえると，その手で触ったものにウイルスが付着し，ドアノブなどを介して他の方に病気をうつす可能性がありますので，**咳エチケット**を行ってください。

持病がある方，ご高齢の方は，できるだけ**人込みの多い場所を避ける**など，より一層注意してください。

発熱等の風邪の症状が見られるときは，学校や会社を休んでください。

発熱等の風邪症状が見られたら，毎日，体温を測定して記録してください。

図 4　コロナウイルスの防止

図 5　新しい生活様式

ント」が重要である。

3.2　緊急事態宣言

　緊急事態宣言は 2020 年 3 月 13 日に成立した新型コロナウイルス対策の特別措置法に基づく措置で，全国的かつ急速なまん延により，国民生活や経済に甚大な

影響を及ぼすおそれがある場合などに，総理大臣が宣言を行い，緊急的な措置を取る期間や区域を指定できる。

　また学校の休校や，百貨店や映画館など多くの人が集まる施設の使用制限などの要請や指示を行えるほか，特に必要がある場合は臨時の医療施設を整備するために，土地や建物を所有者の同意を得ずに使用できる。

　さらに緊急の場合，運送事業者に対し，医薬品や医療機器の配送の要請や指示ができるほか，必要な場合は，医薬品などの収用を行える。

　また，対象地域の都道府県知事は，住民に対し，生活の維持に必要な場合を除いて，外出の自粛をはじめ，感染の防止に必要な協力を要請することができる。

　安倍総理大臣は 2020 年 4 月 7 日に東京，神奈川，埼玉，千葉，大阪，兵庫，福岡の 7 都府県に緊急事態宣言を行い，4 月 16 日に対象を全国に拡大した。

　5 月 14 日に北海道・東京・埼玉・千葉・神奈川・大阪・京都・兵庫の 8 つの都道府県を除く，39 県で緊急事態宣言を解除することを決定した。

　5 月 21 日には，大阪・京都・兵庫の 3 府県について，緊急事態宣言を解除することを決定した。緊急事態宣言は，東京・神奈川・埼玉・千葉・北海道の 5 都道県で継続している。

　5 月 25 日には首都圏 1 都 3 県と北海道の緊急事態宣言を解除。およそ 1 か月半ぶりに全国で解除された。

　解除判断の目安は，直近 1 週間の新たな感染者数が 10 万人当たり 0.5 人程度以下になる。またこの目安とは別に直近 1 週間の新たな感染者数が 10 万人当たり 1 人程度以下の場合は，感染者数の減少傾向を確認したうえで，感染者の集団＝クラスター，院内感染，感染経路が分からない症例の発生状況も考慮して，総合的に判断している。

　一方，解除したあと，感染が拡大して，再び宣言の対象にするか判断する際には，直近の感染者の数，感染経路が不明な患者の割合などを踏まえて，総合的に判断することになっている。

　2021 年 1 月 7 日に第 2 回目の緊急事態宣言が発令された。これは 3 月 21 日に全都道府県で解除された。

第2章　緊急事態宣言での伊予，坂の上の雲の舞台の奮戦

　2020年1月16日，国内で初めての新型コロナウイルス患者は，武漢市に滞在し，日本に帰国した神奈川県在住の30代の男性であった。その後のダイヤモンド・プリンセス号への対処の遅れ，東京五輪・パラリンピックの開催で感染防止の初動が遅れたこと，PCR検査の数が少ないなどの問題があった。しかし欧米のような強制力のある都市封鎖（ロックダウン）も行わず，かつPCR検査の数が他国に比べて非常に少ないにもかかわらず，感染を抑え込でいる。6月末時点で，日本の感染者数や死者数が欧米主要国に比べて，結果的に非常に低いレベルにとどまっている。

　コロナ感染防止で奮戦している愛媛県庁の様子は，150年前，明治維新で賊軍とされた伊予・松山に，三人の若者，秋山好古，秋山真之，正岡子規が活躍した坂の上の雲の場面を彷彿させる。今回のコロナ感染で国の緊急事態宣言を受け

図1　中村時広知事
（引用：愛媛県HP）

て，全ての都道府県でコロナ感染対策を実施しており，愛媛県では図1の中村時広知事を先頭にコロナ感染対策を実施している。2011年より，県内でのスゴ技を育成しており，今回の緊急事態を受けて，スゴ技を結集して新型コロナウイルス殺菌商品の開発を行っている。

1　愛媛県の迅速・適切な感染防止対策

2020年3月2日の感染確認直後から，松山市保健所と連携して，医療機関や関係する高齢者施設などの全面的な協力を得て，関係者の調査・特定とPCR検査を迅速に実施し，自宅待機の要請による徹底的な囲い込みを行っている。4月21日以降，大型連休から3週間が経過した現時点においても，発生しておらず，県内で市中感染が広がっている兆候は見られない。しかし，2021年1月では500人が感染した。

2　スゴ技を結集した感染防止剤の開発

愛媛県では知事が先頭に立って県内の優れた技術や製品を国内外に売り込んでおり，お墨付きである「えひめのスゴ技」には現在，183社が認定されている。

愛媛県はみかん，真珠および真鯛など農林水産県というイメージがあるが，実はものづくり先進県で，製紙，石油・石油化学品，タオル，造船，農機具などがある。「えひめのスゴ技」が輝ける愛媛の未来の原動力を生み出している。

今回，スゴ技に認定されているIHテクノロジー㈱，服部製紙㈱，㈱大力，愛媛大学およびsainome㈱が協業してコロナウイルスの感染防止商品の開発を進めている。

除菌剤（商品名：葡萄のちから）はアルコールとプロアントシアニジンが主成分であり，コロナウイルスの感染防止効果を発揮すると推定されている除菌剤である。

次に図3のようにプロアントシアニジンとシクロデキストリン（CD）を包接させると長期間効果を発揮させることが可能である。既にCDはチューブいりわさび，カラシの鮮度の保持剤として多量に使用されている。

図 3　プロアントシアニジンとシクロデキストの包接作用

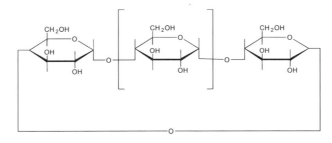

図 4　シクロデキストリンの構造

表 1　シクロデキトリンの物性

	α-CD	β-CD	γ-CD
ブドウ糖分子数	6	7	8
分子量	973	1135	1297
空洞内径（A）	5–6	7–8	9–10
結晶形	needles	prisms	prisms
旋光度［α］D（water）	+150.5	+162.5	+177.4
溶解度	14.5	1.85	23.2
l/100 ml（25℃）（water）			
沃素複合体の色	青	黄	紫褐

2.1　シクロデキストリンの説明

　CD は，図 4 に示すごとくグルコースが環状に結合した化合物で，その空洞内は疎水性を有するため，多くの有機化合物を空洞内に取り込む性質が知られている。

　CD は表 1 に示す性質を有している。CD は構成されているグルコースの数でその名称が異なり，グルコース 6 個の α-CD は空洞の内径は 4.6 A，空洞の深さは 6.7 A で，水への溶解度は 100 ml の水に対して 14.5 g である。7 個の β-CD

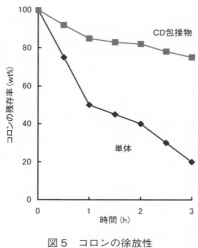

図5　コロンの徐放性

は空洞の内径は 7.0 A 空の深さは 7.0 A で，8 個の γ-CD は，空洞の内径は 8.5 A 空洞の深さは 7.0 A である。

　1971 年に掘越らは，澱粉から CD を優先的に生成する好アルカリ性微生物を発見し，α-CD，β-CD，γ-CD を多量生産することを可能とした。CD の多量生産が可能となったことで，1980 年代に入ると，医薬分野では薬剤の酸化，光分解の防止，にがみの改善および悪臭の矯正に CD の本格的利用が開始された。食品分野では香辛料の長期保持および揮発性物質の安定化，農薬分野では植物成長調整剤，忌避剤除草剤，殺虫剤の安定化への利用が積極的に開始された。さらに，化粧品分野では乳化剤および皮膚刺激剤の抑制剤，香料の揮発抑制に利用が開始された。

　CD は香料の徐放性の向上に利用されている。図5に 2-ヒドロキシプロピル-CD を用いたコロンの徐放性を示す。この結果，コロン単体では，1 時間後のコロンの残存率は 50 wt% であるが，CD 包接物では 85 wt% である。さらに，3 時間後，コロン単体ではコロンの残存率は 20 wt% であるが，CD 包接物では 75 wt% であり，CD 包接物は徐放性が向上する。

2.2　CD 包接物の調製

　CD 包接物の調製は，CD の水溶液にゲスト化合物を加え攪拌後，水分を除去

する方法が一般的である。これらの水溶液中での CD 包接物の調製では，CD に先ず水分子が取り込まれて，その後，水分子とゲスト化合物が入れ替わり，CD 包接物が調製される。CD 自体については，¹H-NMR 法および IR で既に多くの分析がなされている。α-CD では X 線結晶解析で 6 個の水分子が，CD 内に位置していることが明らかとなっている。また，2 分子の水が CD の空洞内に位置することで，全てのグルコースが等価でなく，CD の円環は歪んでいること，また CD には 2 個の水分子が CD の中央に位置するのではなく，中心から約 6 Å ずれた所に位置していることも明らかとなっている（図 6）。

さらに，Bender らは，CD を水に溶解すると数個の水分子が空洞内に入るが，この水分子は隣接した水分子と水素結合することができないので，これらの水分子はエンタルピーに富んでいることを報告している。また Saenger らは，X 線結晶解析とポテンシャルエネルギー計算から，ゲスト化合物を取り込む前の水溶液中の CD は，ヨウ素，メタノールおよび酢酸カリウムの CD 包接物と比較して，CD の円環の歪みが大きく，高いエネルギー状態にあることを報告している。しかしながら，これらは CD のゲスト化合物の包接において，CD に先ず水分子が取り込まれ，その後，水分子とゲスト化合物が入れ替わり，CD 包接が起こることを直接観察した報告ではなかったので，幾島らは水の部分モル体積の変化を測定することで CD 包接物の調製では先ず水分子が CD に取り込まれ，その後，CD の包接が起こることを明らかにした。CD 包接において，CD が水分子を取り込み，その後，ゲスト化合物と水分子が入れ替わることが直接観察でき，CD

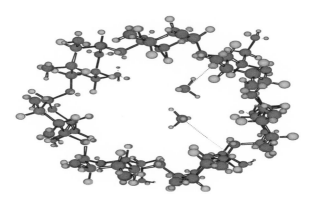

図 6　CD に取り込まれた水の状況

の包接は水溶液中で行うのが適切であることが判った。その結果，CD包接に要する水溶液量が算定できるため，CD包接に多量の水が必要でなくなり，さらに，水溶液の量が減少すればCD包接物を得るための水分の除去も安易となった。

　除菌剤のCD包接方法は，除菌剤とCDを水に加え，60℃に加温しながら2時間攪拌して調製し，その後，スプレードライヤー（入口温度180℃，出口温度100℃，回転数20,000 rpm）を用いて調製する。

2.3　ウイルス除菌剤（商品名：葡萄のちから）の説明

　アルコールは一般細菌やインフルエンザウイルスなどの一部のウイルスには高い効果を発揮するが，苦手とするウイルスも多くある。図7のウイルスには大きく2つのグループがある。1つは「エンベロープウイルス」と呼ばれる膜を持ったグループともう1つは「ノンエンベロープウイルス」と呼ばれる膜を持たないグループである。

　エンベロープと呼ばれる膜は，その大部分が脂質でできており，アルコールや石鹸などで処理すると容易に破壊することができるので，図8のエンベロープを持つウイルスはアルコール消毒が有効である。インフルエンザウイルスにアルコール消毒が効果的なのは，このためである。

　一方，図9のノンエンベロープウイルスと呼ばれる膜を持たないコロナウイルス等にはプロアントシアニジンが効果を発揮する。

　2009年に河野雅弘博士（前 東京工業大学特任教授）が葡萄の種に多く含まれ

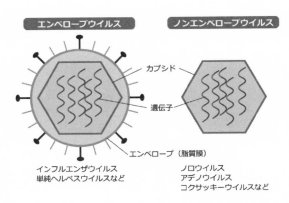

図7　エンベロープウイルスとノンエンベロープウイルス

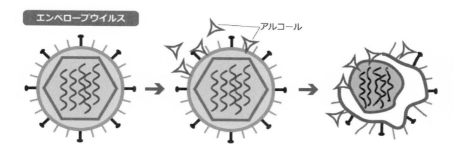

図8　エンベロープウイルス

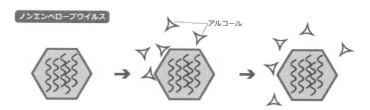

図9　ノンエンベロープウイルス

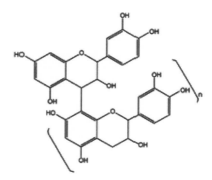

図10　プロアントシアニジン

る図 10 のプロアントシアニジンにノロウイルス不活化作用があることを報告した。

　河野博士とそのグループは，その後もプロアントシアニジンの基礎的な試験を繰り返し，各種ノンエンベロープウイルスに対する優れた効果を実証した。

13

　プロアントシアニジンとは様々な植物に含まれるポリフェノールの一種である。プロアントシアニジンは，植物界において植物の葉，果実，樹皮，材などに広く分布しており，多くの種類が存在する。1835年にMarquartは，ドイツの国花である青いヤグルマギクの花弁の青色の花青素をアントシアニンと称した。その後，1914年にWillstätterとEverestによってヤグルマギクの青い花弁からアントシアニンとして赤色のシアニン塩化物が結晶として単離され，その加水分解物として糖と色素のシアニジンとが得られ，シアニジンアントシアニジンと命名されている。

　1962年にFreudenbergとWeingesがフラバン-2,3ジオール，-3,4ジオール，-2,3,4トリオールあるいはそれらの配糖体などの物質にプロアントシアニジンと命名されている。

　1965年には，WeingesとFreudenbergがクランベリーとコーラナッツから縮合型プロトアントシアニジンを単離して，それを塩酸で処理すると1分子のアントシアニジンと1分子のカテキンが生成されるメカニズムを明らかにした。

　現在では，プロアントシアニジンとは，フラバン-3-オールのフラバン骨格の炭素同士がC-C結合などによって結合した二量体，三量体，オリゴマー，ポリマーなどである。プロアントシアニジンは，生理活性を有し，体内に吸収されて利用される高分子であり，プロシアニジン，プロデルフィニジンなどの縮合型フラバン-3-オールのグループに属し，特に，リンゴや，モリシマアカシア樹皮，フランス海岸松樹皮やその他の松やシナモン，ココア豆，ブドウ種子，ブドウ皮，ヨーロッパブドウなどの多くの植物に含まれている。

　コロナウイルスは変異も起こっているとの発表もあり，現在，実態の詳細は不明であり，「エンベロープウイルス」と「ノンエンベロープウイルス」の両方に効果を秘めている図11の「葡萄のちから」は注目されている。

2.4　開発体制

• 愛媛大学（学長：大橋裕一）

　1949年に愛媛県に設置された国立大学で，工学部，医学部10学部を有し，地元企業に惜しみない研究指導を行っている。

　　　愛媛県松山市道後樋又10番13号

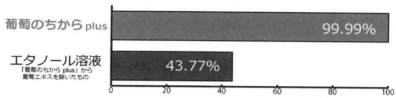

図11 葡萄のちからの評価試験

- 服部製紙㈱（社長：服部正和）

水の力と紙の可能性を作りだし「感動」を与える商品を作り，オンリーワン商品を目指している。

愛媛県四国中央市金生町山田井 171 番地 1

- ㈱大力（社長：田中達也）

顧客のニーズに沿った機器の設計，製造，販売を実施している

愛媛県西条市喜多川 853 番地

- IH テクノロジー㈱（社長：幾島嘉浩）

エネルギー分野からバイオ分野まで幅広く研究開発し，多くを事業化している。

愛媛県西条市朔日市 556-1

- saimone㈱（社長：下田昌弘）

東京工業大学との共同開発でウイルス除菌剤を開発し，製造，販売を実施している。

東京都足立区千住龍田町 30-14

- 愛媛県　スゴ技グループ（知事：中村時広）
  県内の優れた技術および製品の開発・販売の支援を行っている。
  　　愛媛県松山市一番町 4-4-2

第**3**章　ITとコロナショックで社会システムが大逆転

　世界はIT（情報技術）とAI（人工知能）が複合して第四次産業革命が進んでいる中で，想定外のコロナ感染で世界の多くの生産工場が停止し，物流網が停滞したことで商品売買が緊急事態となり，世界経済は麻痺状態となっている。

1　ITによる第4次産業革命

　第一次産業革命は蒸気が動力源として使用され，第二次産業革命では電気と石油による大量生産時代となった，第三次産業革命ではコンピューターが登場し自動化が進んだ。2016年のダボス会議でAIやロボットが産業を大きく変革する第四次産業革命の勃発が提唱され，第四次革命ではさまざまなモノがインターネットにつながり（IoT），図1のごとく，ビッグデータが存在して，このビッグデータと世の中の多くの仕組みが繋がり，その仕組みをAIが稼動させ，実作業はロボットが機能する時代となる。AIが社会の仕組みの大部分を制御する時代とな

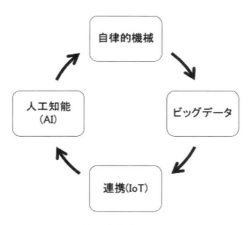

図1　第四次革命のイメージ図

る。

　固定電話は国内で普及するまでに約 80 年，携帯電話は約 20 年，インターネットが約 10 年，ネット上のゲームは約 1 年で，市場への伝達は 80 倍も速くなっている。物を運ぶ速度は東京から大阪への郵便であれば 2 日（172,000 秒）がメール配信であれば 1 秒である。約 20 万倍速くなっている。物の移動は急激に早くなっている。

　第四次産業革命ではあらゆるモノがネットワークにつながり，リアルタイムで多量の情報をやり取りする時代で，IoT で集めたデータを AI が分析，解析し，データの規則性を見つけたり，実際に機械の制御をしたりすることができる。これらのビッグデータの活用が未来の自動車の姿を浮かびあがらせる。

　現在，事象の速度が速いので人類があまり意識できない間に世界で第 4 次産業革命が確実に進んでおり，その主役は Google，Apple，Facebook，Amazon，Microsoft の頭文字である。

　第四次産業革命が実現したときは人類が想像できない事態が身の回りで起こることが予想され，不可能に近い技術革新がおこり，自動車の用途も CASE で大きく変化することで，自動車の燃料も大きく変動すると思われる。先ずは第四次産業革命の推進役の GAFAM を理解する必要がある。

1.1　G はグーグル

　現代社会において，グーグルほど多くの知識をもつ企業の存在はなく，まさに現代における神である。あらゆる知識を蓄積しており，私たちが何をしているかだけでなく，私たちが何をしたいかを知っている。検索した足跡をもとに，神はすべてをお見通しである。Don't be evil.（邪悪になるな）という社是を掲げ，活動しているが，世界を支配するのに十分な力を持っている。

　世界では常に新しい道路が作られ，ビルが建設され，新しいお店などがオープンしており，不規則に変化しながら進化を続けるこの世界を正確にモデル化して，デジタルマップを制作している。世界のどこに何があるのかを特定するために，道路調査と衛星画像は長年に渡って重要な役割を果たしてきた。地域の道路，建物，住所，企業の場所に加え，道路の制限速度や建物名など，その他の重要な情報を画像から得ることができる。南極大陸からキリマンジャロ山頂まで，人々が世界中を探索できるようになった。自動車と地図の繋がりは自動車が誕生して

以来強いものである。

　日本語の音声モデリングおよび機械翻訳など，様々な研究テーマが実施し，さらに，日本の学術機関とも協力して研究活動を行っており，国立情報学研究所と古典文学の分析への機械学習技術の応用に関する研究をしている。

　福島県南相馬市のエアロセンス株式会社と協力し，除去土壌の仮置場の安全性管理のために，機械学習プラットフォームを利用している。さらには洪水を予測する取組みや，地震の余震を予測する研究では自然災害の軽減に寄与するとともに，人命の救助にも役立っている。バス，電車，地下鉄の過去の混雑状況にもとづいて，混雑度の目安を表示する混雑予測の情報提供し，混雑度を知ることで，電車やバスを数本見送り，混雑を避けるシステムも開発している。

1.2　Aはアップル

　スティーブ・ジョブズを神格化し，ブランド自体の価値を保持するのに最も成功した企業である。アップル社の製品は安くないが，熱烈な信仰を基盤にして圧倒的な利益を上げている。デザインが良く，高級だという点で他社との差別化に成功している。

　ハードウェア製品として，スマートフォンのiPhone，パーソナルコンピュータのMacintosh（Mac），携帯音楽プレーヤーのiPod，ソフトウェア製品としては，オペレーティングシステムのmacOS，iPadOSクラウドサービスとしてはiCloudなどの開発・販売を行っている。

　音楽，映画，テレビ番組，アプリ，電子書籍などを提供している。アップル製品は自動車のシェアリングには必需品である。現在の売り上げの半分以上を占めるのは専門の音楽・映画産業向けソフトウェア製品の提供元である。

　1975年，スティーブ・ジョブズと，スティーブ・ウォズニアックは，安価なMOS 6502を処理装置とするコンピューターの自作を開始し，1976年3月にApple Iを独力で完成させ製造・販売を行った。

　1984年に発売されたMacintoshはジョブズがシンプルを追求し完成させた。

　ジョブズはMacintoshにはシンプルな美しさを求め，視覚的にも動作的にも美しく分かりやすいものを追求した。1984年需要の予測を大きく誤り，第四半期で初の赤字を計上し，従業員の5分の1にあたる人数の削減を余儀なくされた。この時代のAppleは内部紛争が多く悲惨な状態であった。

　1997 年 2 月にジョブズは Apple に非常勤顧問という形で復帰した。1997 年 7 月にリリースされた MacOS 8 は大ヒットとなり，Mac ユーザーの間に広く受け入れられた。Mac OS の漸進的改良を進めるという開発方針が順調に進んだ。

　1997 年ボストンで行われた Macworld Conference & Expo では，ジョブズの基調講演の最中にビル・ゲイツがスクリーン中に登場し，提携を発表した。歴史的和解とも取れるこのコンピューター業界の大物同士の両者の演出は，発表された提携内容よりも話題性の方が大きく報道され，波紋を呼ぶ結果となった。

　1998 年 5 月に iMac を発表する。この iMac はポリカーボネイト素材をベースに半透明筐体を採用した製品で，デザインの視覚的な訴求力と，ボンダイブルーなる青緑のカラーリングにマスコミはこぞって賞賛を送った。

　2011 年 10 月，スティーブ・ジョブズ死去（56 歳没）。同日同社の公式サイトでは，すべての言語の TOP ページにジョブズのモノクロ写真が掲載され追悼を行った。

1.3　F はフェイスブック

　フェイスブックは個人データをもとにその人が求めるような情報を提供し，従来のメディアを崩壊させ，映像という強力な情報媒体を活用し，人々の心に訴えかけている。

　2004 年にハーバード大学のマーク・ザッカーバーグとザッカーバーグが開発したシステムの使用はハーバード大学のメールアドレスを持つ学生に限定されていたが，ボストン地域の大学，アイビーリーグの大学，スタンフォード大学へと対象が拡大されていった。

　徐々にさまざまな大学の学生も対象に加わり，やがて高校生にも開放され，最終的には 13 歳以上のすべての人に開放された。現在のフェイスブックでは，ユーザー登録時に 13 歳以上であることを宣言すれば誰でも会員になれる。

　サイトの利用前に必要なユーザー登録を行うと，個人プロファイルの作成，ほかのユーザーをフレンドに追加，メッセージの交換，プロファイル更新時の自動通知の受信を行うことができる。加えて，ユーザーは共通の関心を持つユーザーグループへ参加することができるようになる。

　2007 年 10 月，マイクロソフトが広告に関する独占的契約でフェイスブックに 2 億 4,000 万（約 264 億円）ドルを出資し，同社の株式 1.6％を取得した。

　2012 年 9 月フェイスブックのユーザー数は 10 億人を超え，月間利用 17 億
1,200 万人を数える。

1.4　A はアマゾン

　アマゾンは消費という人間の本能を満たす世界最強の小売店である。空飛ぶ倉
庫やドローンを使った配送など奇抜なアイディアを打ち出し，本気で取り組んで
いる。アマゾンは従来の小売業を一変させ，日用品の買い物というただ面倒な作
業を簡素化させ，クリックするだけで済む利便性を提供している。実店舗の開設
や運送業への参入も果たし，強固なネットワークをもとに小売業に展開してい
る。また，クリックなどしなくてもほしいものがほしい時に届くという夢のよう
な話を具現化させつつある。

　1994 年 7 月，ジェフ・ベゾスは「Cadabra, Inc.」という名の会社をワシント
ン州に設立した。

　ベゾスは電子商取引の年間成長率を 2,300 ％と予測して文学への大きな世界的
需要，書籍は低価格であること，膨大なタイトルが出版されていることなどを考
慮し，1995 年 7 月，オンライン書店としてサービスを開始した。最初に売れた
本はダグラス・ホフスタッターの著作 "Fluid Concepts and Creative Analogies"
だった。サービス開始後の最初の 2 か月で，アマゾンはアメリカの 50 の州すべ
てと，世界の 45 か国以上で書籍を売り上げた。

　他社に先駆けてインターネット上のブランドを構築することを重要視した。
21 世紀初頭の IT バブル崩壊は多くの IT 企業を倒産に追い込んだが，アマゾン
は生き残り，IT 不況を乗り越えて電子商取引における大手企業となった。

　2011 年，アマゾンはアメリカでフルタイム従業員を 3 万人雇用し，2016 年末
の時点で，アメリカにおける従業員は 18 万人，全世界の従業員は約 30 万人であ
る。アマゾンの経営的特徴は，顧客中心主義，発明中心主義，長期的視野を掲げ
事業を行っていることである。アメリカ国内で最大規模の書店は 20 万点の書籍
を扱っているが，インターネット書店であれば何倍もの種類の商品を扱うことを
可能とした戦略が特徴的である。

　一般の小売業と異なり，売上高や利益を最大化することではなく，社内現金を
最大化することを目的にしていると株主宛への決算書に記し，1997 年のナスダッ
ク上場以来，株主に対し配当を配ったことがなく，2014 年で 17 年連続無配を継

続していることに対し株主が拍手喝采している。

1.5 M はマイクロソフト

マイクロソフトは，アメリカ合衆国ワシントン州に本社を置く，ソフトウェアを開発，販売する会社である。

1975 年にビル・ゲイツとポール・アレンによって設立され，1985 年にパソコン用 OS の Windows を開発。1990 年に Windows 向けのオフィスソフトとして Microsoft Office を販売した。

MS-DOS を開発し，IBM PC とそれら互換機の普及と共にオペレーティングシステムの需要も伸び，現在に位置を確かなものとした。MS-DOS を改良するほかに各機種用の BASIC や C 言語・FORTRAN などのコンパイラの開発を手がけ，MS-DOS 上で動作する GUI システム Windows の開発に注力した。

またビジネス向けの表計算ソフトやワープロソフトなどを開発し，先行する他社とは買収か潰すかの熾烈な競争を繰り広げ，各方面で賛否を仰ぎながらも多方面のビジネスソフトでシェアを独占した。

OS に関しては，MS-DOS の後継として，IBM と共同で OS/2 の開発を行い，独自に Windows につながる OS の開発も行っていた。1995 年に，Windows と MS-DOS を一体化し，GUI を改良した Windows 95 を発売した。

2011 年 10 月タッチスクリーンの OmniTouch を公開した。同技術はマルチタッチに対応した手のひら，腕，壁，ノート，机などをタッチスクリーンとして活用することを目指している。2014 年 4 月ノキアのモバイル事業について 54.4 億ユーロ（約 7,130 億円）買収した。2019 年 4 月史上 3 社目となる時価総額 1 兆ドル突破を記録した。

2 非常態（ニューノーマル）にあった心豊かな楽しい働き方

コロナ感染で経済活動が急激に冷え込んだ危機で企業にとって持続可能性がこれほど重く問われる時はない。多額の自社株買い，配当を繰り返し，株高を突き詰めた企業は苦しい状態で，企業の持続可能性の問題となり，良識的な資本主義が必要な時期である。株主利益を最大とした資本主義は再定義を迫られている。日本の資本主義は渋沢栄一の経済道徳合で，近江商人の三方よし（売り手よし，

買い手よし，世間よし）と同じ考えである。

　ESG（環境・社会・企業統治）を生かし，未来から逆算する方法で戦略を定め，具体的に行動する時で，資本主義は過去に何度も試練に直面し，乗り越えてきた。これからの企業は，従来にない発想でイノベーションに挑みつつ，地球や社会に良識を持って応じ，広がる格差，社会の分断，地球温暖化に真剣に向き合い，自らを修正する力を持つ必要がある。

2.1　テレワークの領域

　新型コロナウイルスの感染拡大を受け，多くの会社では2020年3月末から原則として社員全員を在宅勤務とした。これまで必要性が指摘されながらもリモートワーク（図9）はなかなか普及してこなかったが，助成金が出ることもあり，新型コロナ対策を機に一気に普及する気配がしている。そしてこの動きがさらに進み，日本の働き方に大きな変化をもたらしている。

　これまでリモートワークが普及しなかったのは，コストやネット環境の問題などさまざまな要因が考えられるが，最大の要因は日本企業の働き方である。欧米の企業が，一人ひとりの業務を業務内容や範囲を記した職務記述書で明確にしたジョブ型雇用に対し，日本企業はメンバーシップ型雇用で，業務の分担が明確になっていないためである。

　リモートワークでの仕事は，一人ひとりの業務が明確になっていないと業務の割り振りができなく，みんなが同じ場所に集まって，それぞれの様子をうかがいながら上司が割り振ったり，空気を読んだ部下が手を挙げたりしながら仕事を進めることはできない。そのため，コロナ感染でリモートワークを推進せざるを得

図9　リモートワーク

ないとなり，日本企業の働き方もジョブ型への移行が必要となった。リモートワークでは今までのように上司があれはやったか，これはやったかと確認するプロセスマネジメントができなくなる。そのため，社員の評価は達成すべき成果や目標を定め，それがどの程度できたかで測るしかなく，働き方がジョブ型になると，一人ひとりの成果を明確にせざるを得なくなる。従来とは全く異なった業務体制となる。

第4章　エネルギー産業の現状と将来

　現在，世界のエネルギーは石油，天然ガス，石炭，再生可能エネルギーで構成されており，その主役は産業革命以来の 100 年の歴史を持つ石油である。石油がエネルギーの主役に登場するきっかけは，1945 年 2 月の第二次大戦終結のヤルタ会談直後に，米国ルーズベルト大統領がサウジアラビアに向かい，サウジアラビアのアブドルアジズ国王と会談したことである。この会談で，米国はサウジアラビアの安全保障を引き受け，米国はサウジアラビアの石油を安定的に供給できることになった。しかし，2000 年に入り，米国でシェール革命がこの体制を一変することになった。今や，米国は世界一の産油国である。

1　世界と日本のエネルギー動向

　世界のエネルギーの主要エネルギーは石油，石炭，天然ガス及び原子力に構成されており，その概要を下記に述べる。

1.1　石油

1.1.1　概要

　2017 年の世界の一次エネルギー比率は図 1 のごとく石油は 34.2%，石炭 27.6%，天然ガスは 23.6% であり，21 世紀前半でも石油が主役であることにかわりはない。

1.1.2　世界の石油の現状

　世界の原油生産量の情況をみると，2017 年の原油の国別生産は図 2 のごとく，世界合計で 78,625 千バレル/日であるロシア 14.0%（11,001 千バレル/日），サウジアラビア 12.7%（9,965 千バレル/日），米国 11.7%（9,239 千バレル/日）である。
　図 3 に原油価格の推移を示す。
　2008 年 9 月には 150 年以上の歴史を持つ米国第 4 位の証券会社リーマンブラ

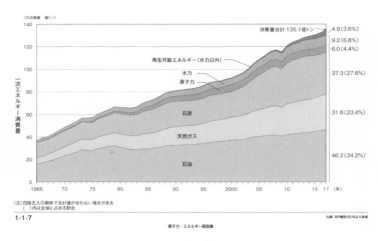

図1　世界の一次エネルギー比率
（引用：BP2018）

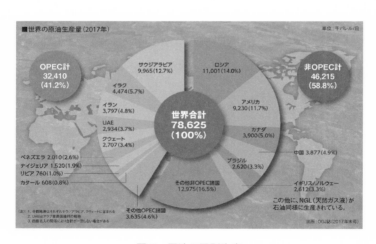

図2　原油の国別生産
（引用：OGJ2017 年）

ザーズが経営破綻し，米国発の不動産バブルの崩壊が急速に世界的な金融不安，そして「百年に一度」とされる世界同時不況に発展した。世界経済の減速により，油価高騰で既にブレーキがかかりつつあった石油需要は急速に鈍化した。そして，金融収縮によって石油市場に流入していた巨額の投機資金が一斉に引き上げ

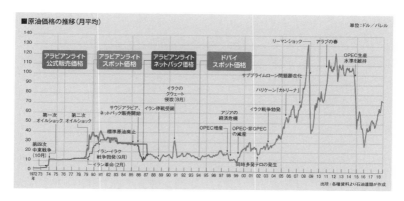

図 3　原油価格の推移
（引用：石油連盟）

られ，2008 年 6 月に 133 ドル/バレルを突破した原油価格は，わずか 5 ヶ月後の 12 月には 39 ドル/バレルまで急落した。

　しかし，これに危機感を抱いた OPEC が大幅な協調減産に踏み切ったことと，先進国の経済回復は遅々として進まなかったものの，中国をはじめとする新興国が堅調な経済発展を示したことによって，2011 年に原油価格は再び 100 ドル/バレルの高値圏に回復している。2015 年に OPEC の生産が維持されたので，下落が始まり，2017 年 4 月には 50.24 ドル/バレル，その後，高騰して 2018 年 1 月には 66.14 ドル/バレルになり，2019 年は 60 ドル/バレルで推移している。

1.2　オイルサンド

1.2.1　概要

　オイルサンドとは，極めて粘性の高い鉱物油分を含む砂岩で，原油を含んだ砂岩が地表に露出し，揮発成分を失ったものと考えられている。色は黒ずみ，石油臭を放つことが特徴で実際の成分は石油精製から得られるアスファルトに近い。世界中に埋蔵されているオイルサンドから得られる重質原油は約 4 兆バレルで原油の 2 倍以上と推定されており，石油燃料代替資源として注目を浴びている。

1.2.2 世界のオイルサンドの現状

　オイルサンドは砂の表面にビチューメン（重質油）が付着したものであり，埋蔵量が原油の約 2 倍といわれ，存在している地域が，カナダ，ベネズエラ，米国

および旧ソ連などの国々である。この2～3年で国際石油企業によるオイルサンド権益取得が相次いでいる。この背景には，資源ナショナリズムの高まりにより北米以外での新規資源へのアクセスが困難になってきていること，またオイルサンドを含めたカナダの埋蔵量はサウジアラビアの石油埋蔵量に次ぐといわれており，その豊富な資源に注目していることが背景にある。

1.2.3　日本のオイルサンドの現状

　オイルサンドは日本で埋蔵されてないが，原油としてカナダから輸入される可能性は十分ある。

　1994年には太陽石油㈱はシクロデキストリンを活用してオイルサンドからの油分回収の研究を発表している。カナダやベネズエラなどに膨大な量が埋蔵されているオイルサンドは，石油代替化石資源として注目されており，カナダでは，現在熱水法により工業規模でビチューメンを分離・回収している。しかし，砂の上に付着したビチューメンを剥離する際，剥離剤として用いられている苛性ソーダによる河川および湖などの環境汚染が深刻な問題となってきている。そのため，苛性ソーダに代わる効果的で，河川への環境汚染の少ない剥離剤を開発することが重要な課題となっている。

1.2.4　オイルサンドの将来

　欧米の国際石油メジャーと中国，インド勢が激しい先陣争いを繰り広げる中で，日本勢の事業展開は早かった。第2次オイルショック後，カナダ政府が日本政府に協力要請し，原油調達先の多角化を急ぐ日本の利益とも合致し参加が決まった。旧石油公団の出資するジャパン・カナダ・オイル・サンズが開発を行った。

　経済危機で多くの拡大計画が凍結されたが，長期的にはオイルサンド産業は今後も成長を続けると見込まれている。国際エネルギー機関が2019年に発表した報告書では，2030年には原油価格は1バレル120ドルに達すると予測されている。オイルサンドから合成原油をつくるには多額のコストがかかるが，原油価格がこのレベルで推移すれば，十分採算がとれると判断されている。コロナショック以降は，原油価格は全く予想がつかない状態である。

1.3　石炭燃料

1.3.1　概要

　全世界の石炭の埋蔵量は，2016年は11,393億トンで可採年数は153年である。

埋蔵量は北米が 22.1%，中国が 21.4%，ロシアが 14.1% である。

1.3.2 世界の石炭の現状

石炭は世界の多くの国に分散埋蔵し，さらに埋蔵量も豊富にあるが，大半の国は自国で生産される石炭を自国で消費している。これは，石炭が固体のため，運送が不便であること，さらには熱含有量が低いため長距離の輸送が経済性を悪くするためである。

石炭は欧州諸国ではエネルギーの主役を占め，多くの発電所が炭田の近隣に建設され，工業プラントの立地は，石炭などエネルギーを確保しやすい場所に設立されている。

世界の発電用に使用される石炭量の 60% 以上が，炭田から 50 km の範囲内で消費されることからも，他のエネルギーと比較して石炭が地域的な性質を濃くしている。このような市場特性をもっているため，石炭は世界の市場であまり活発に取り引きされておらず，個別の取引が多いのが現状である。

1.3.3 日本の石炭の現状

日本の石炭消費量は，1968 年度には 2,600 万トンであったが，石炭火力発電の石油への転換が進んだことから 1975 年度には 800 万トンにまで低下した。しかし，石油ショック以降は，石炭火力発電所の新設および増設に伴い，石炭消費量は再び増加に転じた。石炭の需要は 1973 年度の 8,300 万トンから 1984 年度には 1 億トンを超え，2002 年度の需要は 1 億 6 千万トンであった。2005 年には 1 億 7 千万トンであった。現在，日本の石炭の国内供給のほぼ全量を海外からの輸入に依存している。

2009 年度以降は普及による需要低下，震災による発電所の被災で減少した。しかし 2012 年度以降は被災発電所の復旧と，石炭火力発電所の新規運転開始などにより大幅に増加し，1 億 7 千万トンを超えている。2016 年では 1 億 8 千万トンである。

日本国内では石炭は再び注目を集めつつある。さらに震災以降，アンバランス的な状態に陥った国内エネルギー情勢を受け，緊急代替措置として旧式の発電所も合わせた火力発電所の稼働数・率の上昇もあり，石炭の需要は伸びている。石炭は採算効率とともに環境負荷対策が利用の際の要となる。

1.3.4 石炭の将来

石炭はエネルギー安全保障，経済効率の面から，過去重要な役割を果たしてき

た。今後，エネルギー安定供給の確保および地球温暖化防止を経済的かつ着実に実現していくために，脱硝，煤塵，脱硫および水銀などの環境問題の課題を技術的に解決する必要がある。

1.4 天然ガス

1.4.1 概要

天然ガスはメタンで化学式は CH_4 で，石炭や石油の燃焼と比較すると，燃焼時の二酸化炭素，窒素酸化物および硫黄酸化物の排出が少ない，すなわち環境に優しいエネルギーである。この様な特性のため，地球温暖化防止対策などの環境問題を解決できるエネルギーとして注目され，クリーンエネルギーと位置付けられている。天然ガスの主な用途としては火力発電と家庭用，事業所用の燃料である。また，天然ガスは一般的には気体の天然（NG）であるが，液体の天然ガス（LNG）もある。

1.4.2 天然ガスの現状

全世界の天然ガス資源埋蔵量は 2017 年では 186.6 兆 m^3 で，可採年数は 52 年である。天然ガス埋蔵量は，中東が 42.5%，ロシアが 17.3% および米国が 4.79% となっている。天然ガスは国際間の取引が少なく，生産地域での取引が主体のエネルギー資源であるが，最近はエネルギーの多様化のため，流通範囲は拡大しつつある。全世界における天然ガスの輸入量のうちアジアの占める比率は 75% となっている。イギリス，ドイツ，フランスおよびイタリアなどの欧州諸国では天然ガスの市場が確実に拡大し，ガス市場開放に向けて大きく歩み出し，地域内のガス市場は自由化されている。

欧州では天然ガスのパイプラインが網の目のように張り巡らされている。ノルウェー領北海のトロール・ガス田とフランスのダンケルクを結ぶノルフラ・パイプラインとイギリスのバクトンとベルギーのジーブルージュを結ぶインターコネクター・パイプラインなどが敷設されている。この他にもロシア，ノルウェーのガス供給国と北欧諸国を結ぶパイプラインも整備されている。

アメリカの天然ガスの埋蔵量は全世界の数パーセントに過ぎないが，世界最大の天然ガス消費国であり，その消費量は世界全体の 30% 近くにも達している。北米のガス業界では企業経営の強化のため，再編成が相次いで行われており，カナダではガス輸送会社やガス田の開発・生産会社の合併や買収が相次いでいる。

　マレーシア，インドネシアおよびオーストラリアなどでの天然ガス開発は日本，韓国および台湾向けを主体に供給され，1970 年代前半にブルネイ・プロジェクトが開発されてから，インドネシア，マレーシアで次々とプロジェクトが立ち上がってきた。世界的に見ても，天然ガスの輸出を主体に天然ガスが開発されている地域は東南アジアのこの地域と西豪州だけである。既にインドネシアでは，アルンのプラントに原料ガスを供給してきたガス田が枯渇化に向かっているため，代替となるプロジェクトの開発が検討されている。

　天然ガスは環境適合面では二酸化炭素などの排出量が化石燃料の中で比較的少なく，資源の分布状況についても，中東に多いものの他地域にも分散しており石油と比較して地域的な偏在性は低い。パイプラインガスは，一般に気候が寒冷で天然ガスが家庭でも多く使用されるなどガス需要の多い欧米で主に発達しており，世界の天然ガス貿易の主流となっており，需要の増大や供給源の多様化を背景に液化天然ガス（LNG）の天然ガス貿易に果たす役割が増大してきている。輸出国・輸入国数の増大・多様化など LNG を中心に天然ガス貿易が量ばかりでなく貿易地域でも広がりを見せている。

　中国，インドが天然ガスの輸入を開始し，北米も含めたアジア・太平洋市場における天然ガスの需要が増加傾向を示し，世界的にエネルギー市場の自由化も志向されている。世界の主要な生産国は下記である。

⑴　**カタール**

　カタールは 1996 年に同国北部沖合に位置する世界最大規模のノースフィールド・ガス田で天然ガスの生産を開始した。2010 年 11 月にカタールガス 3 プロジェクトのトレイン 6 基，カタールガス 4 プロジェクトのトレイン 7 基で生産能力 7,800 万トンで世界有数の天然ガスの生産国で輸出国となっている。天然ガスの埋蔵量は 800 兆立方フィートで，輸出量は 2017 年に 4 兆立方フィートでロシアに次いで世界二番目である。

⑵　**ロシア**

　ロシアは 2017 年の天然ガスの輸出量 7 兆立方フィートで世界一番目となり，世界全体の約 30% を占めており，ロシアで採掘される天然ガスは，欧州の天然ガス需要の 30% を占める。ロシアの天然ガスの生産はほとんどロシアの国営企業であるガスプロムが独占しており，ロシア中央部に位置するウラル地方からの生産が大きな比率を占める。しかし，ウラル地方の資源は枯渇懸念が起き，欧州

への天然ガス供給の中継地点となるウクライナと，ロシアとの間で天然ガス供給における衝突が起きるなどの多くの問題を抱えている。

　世界最大のエネルギー供給国のロシアは，アジア地域への天然ガスの輸出に乗り出し，その中心的な役割を果たすのが，ロシア初の液化天然ガスプラントとしてサハリン島で稼働を開始したサハリン2である。年間生産能力が960万トンで世界需要の5%にあたる。

　サハリン2で精製された天然ガスは，主に日本や韓国などに輸出されている。ロシアは中国との間で20年にわたる供給契約に合意し，需要増加が著しいアジア地域への影響力増大に向け，エネルギー覇権を目指すロシアの新たなアプローチが開始された。アジアのエネルギー市場におけるシェアは現在，約4%だが，これを2030年までに20〜30%に引き上げる計画し，将来的には世界の天然ガス輸出のシェアを20〜25%まで獲得する目標を掲げている。

1.4.3　日本の天然ガスの現状

　天然ガスの国内生産量は天然ガスの消費量の4%程度であるため，残りの96%を海外から輸入している。輸入量は1969年以降年々増加しており，2009年度では約6,635万トンに達し，世界の天然ガス輸入量の約35%を占める世界最大の輸入国である。日本はインドネシア，マレーシア，オーストラリアなどを中心に，アジア・オセアニア・中東地域の各国から輸入している。輸入先の多角化を進めることで，天然ガスの安定供給を図っている。

　日本では天然ガスの消費の過半以上を電力会社による発電が占め，都市ガスは，東京および大阪など大都市圏を中心に供給している。天然ガスの販売量は，工業用を中心に年々拡大しており，新たな用途の開発も取組まれるなど，日本においても天然ガスの重要性は増している。今後，より低廉な価格での輸入を確保しつつ，国際の天然ガス市場における主導的な地位を維持し，供給量の確保を確実なものとしていくかは，日本のエネルギーの安定確保の向上や効率的なエネルギー市場の実現に関して重要な課題である。

1.4.4　天然ガスの将来

　今後とも，世界のエネルギーの中核をなす資源であり，欧米では天然ガスでの普及が図られ，日本を始め東南アジアでは液化天然ガスで普及していくと想定されている。天然ガスは，硫黄分，窒素分を含まない環境に優しいエネルギー源として，将来はさらに重要性を増すエネルギー資源である。今後の展望として，天

然ガスの国際貿易はさらに拡大することが予想され，またその中で液化天然ガスの比率が増大していくと予想され，天然ガスの貿易は今後さらにグローバル化することが予測される。

1.5　原子力

1.5.1　概要

原子力の発電とはウラン 235 が核分裂して 2～3 個の中性子が発生し，核分裂反応が起こっていくことになる。この反応を核分裂連鎖反応と言い。また，核分裂反応時は反応前の質量よりも反応後の質量の方が小さくなる。この質量差が膨大なエネルギーへと変わっている。このエネルギーのほとんどは熱エネルギーへと変わり，原子力発電ではこの熱エネルギーを元に発電するのである。

原子力発電は初期には Too cheap To meter で呼ばれた，これは「原子力発電で作った電気はあまりに安すぎるので，計量する必要がないほどだ」という意味である。原子力発電はそれだけ安く大量に電気を供給できるものと期待されていた。しかし現実は，原子力発電は他の発電に比べて設備費の割合が非常に大きいため，建設費が高騰するとその影響がより大きくなった。

1974 年に，ノーマン・ラスムッセン教授を中心とした原子炉安全性研究において示されたラスムッセン報告によれば，大規模事故の確率は，原子炉 1 基あたり 10 億年に 1 回で，それはヤンキースタジアムに隕石が落ちるのを心配するようなものであるとされたのである。現在の原子力発電は，この理論を応用した多重防護というシステムを基に設計されている。

しかし，1979 年 3 月 28 日スリーマイル島原子力発電所事故が発生し，特にアメリカ国内では先述した建設費用の高騰と合わせる形での事件であったため，原子力発電の新規受注は途絶えた。

更には 1986 年には人類史上最悪の原子力事故であるチェルノブイリ原子力発電所事故が発生し，これにより原子力の危険性に対する大衆の認識は大幅に上がることになった。

その後，2011 年 3 月 11 日には東京電力福島第一原子力発電所において発生した，世界で最大規模の原子力事故である。原子力発電史上初めて，大地震が原因で炉心溶融および水素爆発が発生し，人的要因も重なって，国際原子力事象評価尺度のレベル 7 の非常に深刻な事故に相当する多量の放射性物質が外部環境に放

出された原子力事故となった。

1.5.2 日本の原子力の現状

　日本における原子力発電は，実用発電炉としては，日本原子力発電会社がイギリスのコールダー・ホール改良型原子炉を導入し，東海村において16.6万kWの運転を開始したのが最初である。その後，1970年11月に関西電力がアメリカのウェスチングハウス社技術により軽水炉を美浜発電所に，翌年1971年3月には東京電力が軽水炉を福島第一原子力発電所が運転を開始した。

　1974年には電源三法の電源開発促進税法，電源開発促進対策特別会計法および発電用施設周辺地域整備法が成立し，原発をつくるごとに交付金が出てくる仕組みができ上があがった。2007年度末現在，全国で55基，4,947万kWの原子力発電所が稼働している。

　2011年に東北地方太平洋沖地震に起因する図4の福島第一原子力発電所事故が発生した。国際原子力事象評価に基づく評価は確定していないが，原子力安全・保安院による暫定評価は最悪のレベル7となっており，世界における最大規模の原子力事故である。本事故は日本のエネルギーの根幹を揺るがすことになった。

　今後の事故処理としては，世界的にも例のない作業を進めるため，政府や東京

図4　福島第一原子力発電所事故現場
（出典：東京電力）

電力で作る推進本部を新たに設置し，海外の研究機関との連携を進めることや，原発の近くに，取り出した燃料や廃棄物を調べる研究施設を設置することである。原子力委員会では，国，東京電力，それにメーカーが連携するために提言ができたと評価している。廃炉が終わるまで30年以上かかるという見通しはあるが，実際に現場の状況がどうなっているかを見ないと判断できないので，工程ごとに精査しながら工程を進めていく必要がある。

　溶けた燃料の取り出しを始めるのは10年以内を目標とし，その後，原子炉を解体してさら地にするまで30年以上かかるとしている。原子炉の外に燃料が漏れ出すという深刻な事故を起こした原発を完全に撤去し，さら地に戻すことは，国際的にも経験がないうえ，福島第一原発では，使用済み燃料プールも含め，1号機から4号機まで作業を同時に行わなければならず，廃炉の作業がすべて終わるまでの見通しは不透明なままである。

1.5.3　原子力の将来

　2010年3月に営業運転期間が40年以上に達した敦賀発電所1号機をはじめとして，長期運転を行う原子炉が増加する見込みであることから，これらの長期稼働原子炉の安全性が議論となっている。

　2011年に東日本大震災による福島第一原子力発電所事故が発生し，重大な放射能汚染を東北・関東地方の人々をはじめ，日本と世界に及ぼしている。その影響により原子力発電所の増設計画の是非や，点検などによって停止した原子力発電所の再稼働の是非などが焦点となり，今後の原発政策をどうしていくのかという議論が政府や国民の間で大きく取り上げられるようになった。

　2011年8月に福島原子力発電事故を踏まえて原子力の2050年までの長期シナリオが（財）日本エネルギー経済研究所から発表となっている。

　前提条件として，シナリオ1は2030年までにエネルギー基本計画に基づき原子力発電所の14基が稼働，シナリオ2は福島原発が再稼働し，一部新設が稼働，シナリオ3は福島原発を廃炉し，着工済原発は稼働である。算定結果は総発電量における原子力発電比率は2005年の31%からシナリオ1で52%に達するがシナリオ2で46%，シナリオ3で16%になる。現状ではシナリオ1はかなり厳しいとの結論である。シナリオ2およびシナリオ3ケースにおいては，火力発電所の効率化，二酸化炭素回収貯留技術の導入を進める必要がある。更には環境負荷低減自動車の導入も必要となる。

東京電力福島第1原発事故後，日本で原発新設が難しくなった国内メーカーにとっての活路が海外輸出だったが，リスク分散や採算性が不十分なまま原子力事業が進めば，米国原発事業で巨額損失を出した東芝のように存続の危機にさえ陥りかねなく，三菱重工業などによるトルコでの原発建設計画が断念の方向となっているのも経済合理性の範囲内で対応するとの状況にある。

2019年7月東京電力は，福島第2原子力発電所の全4基の廃炉を正式に決めた。震災復興を目指す地元の強い要望に応えた形で，東電は今後40年以上かけて廃炉していくことになるが，東電だけでは解決できない問題も横たわるいばらの道を進むことを決断した。

国内では例のない規模の原発の廃炉で，福島第2は，首都圏の電力需要を支えてきており，1基あたりの出力が110万キロワットと大型原発で，東京電力が廃炉にする原発は計10基にのぼり，前代未聞の難事業に挑むこととなる。福島第2だけで2,800億円にのぼる廃炉費用で，18年度末時点で約2,100億円を引き当て，国が廃炉の会計制度を見直したことを受けて損失を分散して計上していく方針だ。廃炉期間が予想以上に長引いた場合はさらに増加する可能性も否定できない。

使用済み核燃料の最終処分地の選定があり，廃炉完了までに核燃料を県外に搬出するとしているが，その搬出先が決まっていないので，処分地問題に国の支援や自治体の理解が欠かせない。工程の短縮に努めるとの発表であるが，40年という長期にわたる事業は未知数な部分は多く，前代未聞の事業の成否には，国がどこまで支援できるかが重要である。

2 日本の石油産業の現状

日本は戦後，世界に類をみない高度成長を遂げたが，1974年の第一石油危機，1979年の第二石油危機，その後の石油会社統廃合の継続，水素社会への突入と波乱万丈の70年である。更には，コンピュータが人間の能力を遥かに超える驚異的な進化で，産業革命後の社会の仕組みを新しく創造しており，石油産業も大きく変身時を迎えている。図5のごとく，現在は石油の用途は多くの分野である。

2018年6月に公表された日本再興戦略では，ステム改革の実行や，スマートシティの導入拡大，燃料電池システムの世界最速での普及促進などを通じ，国策

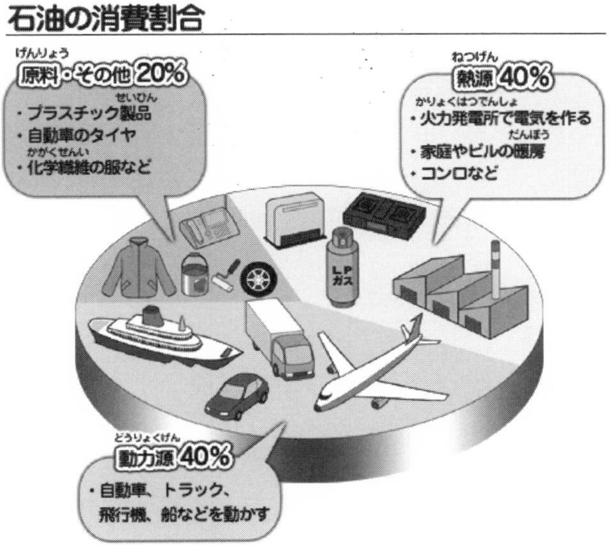

図5　石油の用途図
（引用：石油連盟のホームページ）

としてエネルギー構造改革を推進することが掲げられ，低炭素社会の実現に向け，利用段階で温室効果ガスを発生せず，扱いも簡単で安心・安全な電気が，今後のエネルギーの主役になると明言されている。この電気を発電する燃料は石油である。戦後の大きなうねりの中で石油産業は日本経済の原動力の旗艦産業であり，現在も更なる高度化を進め，世界の石油産業と競争できる強靭な体力をつけつつある。

　ここで石油産業の苦戦の歴史を眺めてみる。

2.1　波乱万丈の石油産業の足跡

2.1.1　第二次世界大戦後の石油産業の復興

　1945年8月に第2次世界大戦は終結した。この戦争により日本経済の被った打撃は大きく，とりわけ石油精製業の生産設備の被害率は58％で，製造業の中で最も高かった。

　1949年7月に太平洋岸の製油所操業再開と原油の輸入が許可され，翌1950年

に戦後最初の輸入原油として米国から原油が到着した。原油の輸入は，1950年10月から製油所ごとにその精製能力に応じた数量を割り当てられ，民間貿易の形で輸入されることになった。

　国内市場については，石油業法や石油専売法のような戦時統制立法は撤廃されたが，原油の輸入と太平洋岸の製油所が再開されるまでの石油供給は，米国のガリオア資金（占領地救済援助資金）やエロア資金（占領地経済復興資金）による製品輸入であった。

2.1.2　外資との提携と戦後の復興

　日本の石油産業は，精製技術の近代化と精製施設の復旧のために，巨額の資金が必要であり，同時に海外からの原油の長期安定輸入も不可欠であった。このためには，世界的な原油資源の所有者である外国石油会社との提携が唯一の選択肢であった。1950年代半ばごろから始まる石炭から石油へのエネルギー革命は，諸外国にもまして日本で著しく進展し，日本は，石油時代へ急速に進んでいった。石油精製能力は，1952年には，14万750バレル/日で，1960年には78万9,280バレルへと急速に増加した。

2.1.3　石油業法の制定

　国は，1961年にエネルギー懇談会で石油エネルギーの重要性に鑑み，石油供給計画の策定，石油精製業および特定設備の許可制，石油輸入業および販売業の届出制，生産および輸入計画の届出制を策定した。

2.1.4　第一次石油危機の到来

　1973年10月の第4次中東戦争に端を発した中東産油諸国の原油生産削減と一部非友好国への禁輸措置が実施され，原油公示価格の大幅引上げなどは世界各国に第一次石油危機としてきわめて大きな衝撃を与えた。石油・電力の10％使用節約，便乗値上げ，不当利得の取締りと公共施設などへの必要量確保，国民経済および国民生活安定確保のため必要な緊急立法の提案，総需要抑制策と物価対策の強化，エネルギー供給確保のための努力を実施した。

2.1.5　第二次石油危機の発生

　1978年10月の石油産業労働者によるストライキに端を発したイランの政変により，同国の原油生産と輸出が大幅に減少した。12月以降，約450万バレル/日であった輸出が全面的に停止され，世界の石油需給に深刻な影響を与えた第2次石油危機である。

　第2次石油危機以降，日本の石油産業は，原油価格の大幅な上昇，国内石油製品需要の急激な減少とこれに伴う製品価格の低迷に加え，為替レートの円安傾向進展のため，空前の経営危機に直面した。

2.1.6　過剰設備の処理

　第2次石油危機以降の国内石油製品需要の減少により，1981年度は常圧蒸留設備能力594万バレル/日で，稼働率は59.5％まで低下した。1986年度から1988年度にかけて，常圧蒸留設備の能力削減を行い，常圧蒸留設備能力は455万バレル/日まで減少した。

2.1.7　元売会社の集約化

　石油産業が過当競争体質を改善し，自立的な産業秩序を確立するために，1984年以降，元売各社間の業務提携や合併が一斉に始動した。

2.1.8　規制緩和の実施

　1986年11月に石油審議会石油部会が設置され，規制緩和アクションプログラムが策定し，規制緩和を実施した。

- 二次精製設備許可の弾力化
- ガソリンの生産枠（PQ）の廃止
- 原油処理枠指導の廃止

　1995年4月石油製品の安定的かつ効率的な供給の確保のための関係法律の整備に関する法律が公布された。

2.1.9　石油業法の廃止

　1998年6月の石油審議会で以下の方針が示された。

- 国内に一定の石油精製能力の確保が必要
- 事業許可・設備許可などの需給調整規則は廃止
- 標準額による価格規制は廃止

　2001年12月末に石油業法が廃止された。国内石油産業は，1992年末には7グループ11元売会社体制となった。2009年7月にエネルギー供給構造高度化法が成立し，精製能力は2014年4月に23製油所・396万B/Dまで減少した。

　2014年7月には，エネルギー供給構造高度化法の新たな判断基準が告示され，2016年度末には22製油所・352万B/D，残油処理装置装備率は50.5％に到達した。この厳しい流れの中で各石油会社では，最後の高度化として，収益の要の原油価格の廉価を図り，原油の多角化に向けた設備対応を加速させている。

表1　日本の主要備蓄基地

基地名	貯蔵量（万 kL）
苫小牧ト東部備蓄基地	640
むつ小川原備蓄基地	670
白島備蓄基地	560

　サウジアラビアの原油生産工場の爆撃など，キナ臭い動きは常に発生しており，石油産業の最大の役目は日本のエネルギーの最後の砦として，緊急時における原油・製品の備蓄である。日本の石油備蓄事業は，国の直轄事業として実施している国家備蓄と，民間石油会社などが法律により義務付けられて実施している民間備蓄，産油国と連携して行っている産油国共同備蓄の3本立てで進められている。

　国家備蓄は，全国10ヵ所の国家石油備蓄基地と民間石油会社などから借上げたタンクに約4,954万 kL の原油および石油製品が貯蔵されており，民間備蓄は，備蓄義務のある民間石油会社などにより，表1の約2,983万 kL の原油および石油製品が備蓄されている。

　産油国共同備蓄は日本国内の民間原油タンクを産油国の国営石油会社に政府支援の下で貸与し，当該社が東アジア向けの中継・備蓄基地として利用しつつ，日本への原油供給不足が懸念される場合は当該原油タンクの在庫を優先的に我が国に供給する事業であり，約167万 kL が貯蔵されている。国家備蓄，民間備蓄，産油国共同備蓄を合わせた約8,104万 kL の石油が，私達国民の共通財産であり，その量を備蓄日数に換算すると約208日分（2017年3月末現在）となり，万一石油の輸入が途絶えた場合でも現在とほぼ同様の石油供給を維持できる。

3　日本の石油産業の将来

　表2の日本の石油製品の今後の需要動向は，石油製品全体では，2018年度は，燃料油全体で1億6,525万 kL となり前年度比2.4％と減少で，2017〜2022年度を総じてみれば，年平均で1.7％，全体で8.4％の減少の見通しである。かなりの速さで需要が減少していることが判る。この傾向はコロナショックの影響で人の往来，物流の減少が急激に発生して，更に長期におよぶことが予想されており，現状の予想を上回る速さで石油需要が減少する可能性がある。

表2　日本の石油製品の需要動向

	実績	実績見込	見通し				
	2016年度	2017年度	2018年度	2019年度	2020年度	2021年度	2022年度
ガソリン	52,508	51,686	50,591	49,640	48,391	47,203	45,929
		▲1.6	▲2.1	▲1.9	▲2.5	▲2.5	▲2.7
ナフサ	44,797	45,337	44,561	44,097	43,679	43,304	42,966
		+1.2	▲1.7	▲1.0	▲0.9	▲0.9	▲0.8
ジェット燃料油	5,294	5,240	5,234	5,229	5,228	5,195	5,190
		▲1.0	▲0.1	▲0.1	▲0.0	▲0.6	▲0.1
灯油	16,235	16,936	15,486	14,995	14,698	14,332	13,965
		+4.3	▲8.6	▲3.2	▲2.0	▲2.5	▲2.6
軽油	33,326	33,678	33,726	33,809	33,712	33,731	33,776
		+1.1	+0.1	+0.2	▲0.3	+0.1	+0.1
A重油	11,986	11,404	10,916	10,469	10,151	9,846	9,556
		▲4.9	▲4.3	▲4.1	▲3.0	▲3.0	▲2.9
一般用B・C重油	5,512	5,090	4,738	4,471	4,227	4,018	3,846
		▲7.7	▲6.9	▲5.6	▲5.5	▲4.9	▲4.3
燃料油計（電力用C重油を除く）	169,658	169,371	165,252	162,710	160,086	157,629	155,228
		▲0.2	▲2.4	▲1.5	▲1.6	▲1.5	▲1.5
電力用C重油（参考）	7,266	4,865	-	-	-	-	-
		▲33.0					
燃料油計（参考）※上記燃料油計に電力用C重油の2017年度実績見込を加えた数値	176,924	174,236	-	-	-	-	-
		▲1.5					

（引用：経済産業省ホームページ）

3.1　2030年までは現状維持で推移

3.1.1　製品別需要

下記に製品別の需要動向を眺める。

・LPG

　2017年度は，1,427万トンとなり前年度比3.0％増加であった。2017年度から2022年度を総じてみれば年平均0.1％減少の見通し，各産業や家庭における燃料転換や効率改善で大幅な減少が予想される。災害時の分散型発電として，図6の太陽光発電システムと家庭用燃料電池システム，家庭用リチウムイオン蓄電池を連携して運用することで，新規の需要が見込める。

・ガソリン

　2018年度は，5,059万kLとなり前年度比2.1％の減少となる。2017〜2022年度を総じてみれば，年平均2.3％，全体で11.1％の減少の見通しである。乗用車走行距離の減少および燃費改善などの傾向が継続し，電気自動車，ハイブリッド車など次世代乗用車の販売台数の増加でガソリン需要は減少すると予想される。

・ナフサ

　2018年度は，4,456万kLとなり前年度比1.7％の減少となる。2017〜2022年度を総じてみれば，年平均1.1％，全体で5.2％と減少の見通し，米国からシェー

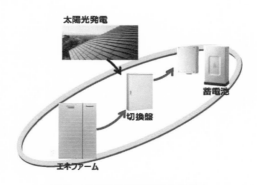

図6　災害時の分散発電システム
（引用：大和ハウスのホームページ）

ルガスで生産されるエチレンがアジア市場へ流入するため，日本からの輸出は減
少するため，需要は減少すると予想される。

　G20大阪サミットで2050年までに海洋プラスチックをゼロにする目標を導入
することで各国が合意しため，プラスチックの使用量が減少すると予想され，ナ
フサの使用は需要が急激に減少する可能性がある。

・ジェット

　2018年度は，523万kLとなり前年度比0.1％の減少となる。2017～2022年度
を総じてみれば，年平均0.2％，全体で1.0％と減少となる。経済成長により航空
需要は微増すると想定される。

・灯油

　2018年度は，1,549万kLとなり前年度比8.6％の減少となる。2017～2022年
度を総じてみれば，年平均3.8％，全体で17.5％と減少の見通しとなる。各産業
や家庭における燃料転換や効率改善で大幅な減少が予想されるが，航空燃料して
の用途は増加すると予想される。

・軽油

　2018年度は，3,373万kLとなり前年度比0.1％の増加となる。2017～2022年
度を総じてみれば，年平均0.1％，全体で0.3％増加の見通しとなる。貨物輸送量
の増加で微増の見込であるが，トラックのEV・PHVなど次世代乗用車の販売
台数の増加で軽油需要は減少が予想される。船舶用燃料の硫黄分低減の規制
（IMO）のため，軽油の船舶燃料の用途が増加する。

・重油

A 重油は，2018 年度は 1,092 万 kL となり前年度比 4.3%の減少となる。2017〜2022 年度を総じてみれば，年平均 3.5%，全体で 16.2%と減少の見通となる。燃料転換/省エネは継続し，農業・漁業においては，就労人口減少等で耕地面積の減少や出漁機会の減少で大幅減少が予想される。

B・C 重油は，2018 年度は 474 万 kL となり前年度比 6.9％の減少となる。2017〜2022 年度を総じてみれば，年平均 5.4%，全体として 24.4%の減少の見通しである。引き続き燃料転換，省エネが継続され，内航船の隻数減少により需要は大幅減少が予想される。船舶用燃料の硫黄分低減の規制（IMO）のため，重油の船舶燃料の用途が減少すると予想される。

3.1.2　2040 年までは原油多角化で効率化

収益向上のためには原油の多角化を図り，安価な原油の調達が必須である。安価な原油は重質油で水銀が含まれることが多い。具体的には原油選択の LP モデルの前提条件から水銀含有不可の条件を緩和すると原油調達の多角化の拡大が図れる。石油製品販売価格の 70% が原油価格であり，原油調達の多角化が如何に石油元売の収益に影響を与えるか一目瞭然である。多角化の問題点は原油に水銀が含まれているので，水銀除去装置の導入が必須である。

小さな水銀除去装置を開発した IH テクノロジー㈱を指導したのは地元の愛媛大学工学部の八尋秀典教授である。

八尋研究室では，環境負荷を低減するための活性炭などの無機材料の設計・合

図6　八尋秀典副学長

成およびその特徴を高度に利用した高機能性材料の創生に取り組んでいる。

(1) 原油の多角化

表3に示すごとく石油製品販売価格の70%が原油価格であり，原油調達の多角化が如何に石油元売の収益に影響を与えるか一目瞭然である。多角化の問題点は原油に水銀が含まれている場合が多いことである。そのため，水銀除去装置の導入が必須である。

下記に多角化の候補になる原油を述べる。

① カナダ産原油

オイルサンドの埋蔵量は2兆バレルと膨大であり，魅力のあるエネルギーではあるが，開発のコストダウンは進まず，2010年代においても原油価格が高い時期にしか採算が合わなかった。2014年半ば以降の原油価格低迷を受け，ほとんどの新規オイルサンドプロジェクトは延期，保留されたが，生産中，建設中のプロジェクトは継続された。

しかし，パイプラインの輸送能力不足とそれに伴うWTIとWCSの価格差拡大により，生産中のオイルサンドプロジェクトに影響が生じている。カナダは石油・ガス輸送インフラへの投資を促進しないとオイルサンドの経済が削減されると評価されている。エンブリッジ・ライン3のパイプライン修繕・拡張計画が承認され，2019年後半以降，カナダ西部から原油を輸送するパイプラインの輸送能力が増強される見通しが立っている。しかしオイルサンドプロジェクトへの投資増にはさらなる輸送能力拡張が必要と見る向きもある。

図7の生産動向では2018年は300万バレル/日で，2030年は400万バレル/日への増産が予想されている。このケースにおいても増産が予想されており，将来的には期待されている原油である。カナダ産原油は重質油，高硫黄分で水銀が含

表3　販売価格の構成内容

販売	製造
販売価格	販売管理費・利益
	20
	精製費
	10
	原油価格
100	70

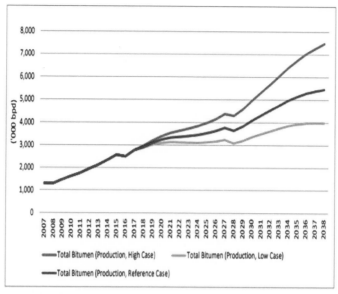

Source: CERI, CanOils

出所：Canadian Oil Sands Supply Costs and Development Projects (2018-2038)

図 7　ビチューメン生産動向

まれている。

②　オマーン原油

　オマーンは，OPEC 加盟国以外では中東最大の産油国である。図 8 のペルシャ湾は世界で最も重要なエネルギー回廊に位置しており，特に同国の領海内を通っているホルムズ海峡の航路帯は沿岸諸国で産出する石油の重要な搬出路であり，毎日 1,700 万バレルの原油をタンカーで運び，世界のエネルギー供給チェーンにおける同国の地位を強化している。同時に，同国はホルムズ海峡の外側のドゥクム近郊に，世界最大級の石油製油所および貯蔵基地コンビナートを構築することで，同国のエネルギー戦略的な優位性からの利益を享受している。

　2016 年のオマーンの石油確認埋蔵量は 53 億バレルで，世界第 22 位（中東では第 7 位）で，2012 年米国地質調査所によると，同国南部の South Oman Salt Basin に埋蔵されている未発見のエネルギー資源量は石油 3.7 億バレル，コンデ

図8　ホルムズ海峡とオマーンの位置

ンセートが 0.4 億バレルとなっている。

　オマーン石油ガス省は，石油および天然ガス分野におけるエネルギー政策担当機関である。しかし，政策と投資に対する最終承認は，ハイサム国王が決定権を持っている。同国では，オマーン国営石油天然ガス公社が石油埋蔵量の大部分を保有し，同国の原油生産量の 70% 以上を占めている。なお，オマーン国営石油天然ガス公社の権益の 60% を同国政府が保有している。オマーンは，アジア市場への最重要な石油輸出国である。2014 年同国は，原油とコンデンセートを合わせて 80.1 万バレル/日輸出したが，そのうちの 57.9 万バレル/日が中国向けであった。日本は，2014 年オマーンからは 264 万 kL 輸入しており，国別では第 6 位の輸入先国となる。

　オマーン産の唯一の輸出原油は，オマーンブレンド原油である。性状は API 度 34，硫黄分 2.0 wt% で水銀含有量が増加傾向にある。今後，中東の原油には水銀が多く含まれる可能性が示唆される。なお，同原油は，ドバイ原油とともにアジア原油市場での指標原油になっている。

③　ベトナム原油

　1987 年バクフォー油田の操業がスタートし，1990 年代〜2008 年に至るまで原油が同国最大の輸出品目として巨額の外貨収入を得ることに貢献した。

　これによりベトナムは，中国と並んでアジアでもトップクラスの経済成長を達成してきた。

　バクフォー油田は，ビエトソベペトロ社（ベトナムとロシアの合弁企業）が開発し，当初は50%以上が日本に輸出されていた。1994年からはロング油田およびダイフング油田が，1997年からは西ブンガケクワ油田および東ブンガケクワ油田が，1998年にはホングノゴク油田およびラングドング油田が，2003年にはブングラヤ油田，ブングツリップ油田およびスッベン油田が次々に操業を開始しているが，多くの原油に水銀が含まれている。

　ベトナムは2004年に42.4万バレル/日で生産量がピークとなり，石油生産量の70%以上を占めていたバクフォー油田が衰退期に入ったため，その後は減少傾向になっている。

　2014年新油田の操業開始により減産に歯止めがかかり，同年は36.5万BPDにまで回復している。バクフォー油田に次ぐ油田はスッベン油田である。同油田海域の他油田も操業を開始し，同油田地区がベトナム第2位の石油生産拠点となっている。ベトナムは，経済成長にともない石油製品需要が急増している。同国では製油所が現状1ヶ所しかなく国内需要を賄えなくなり，2010年から石油輸入国になっている。不足分は主に近隣アジア諸国から輸入している。

　出光興産がベトナムの首都，ハノイ市中心部から南に車で約4時間30分に新設したニソン製油所（図9）の商業運転が始まった。ニソン製油所に出光は約1,500億円，ペトロベトナムや三井化学なども出資する。原油処理能力は日量約20万バレルで，ペトロベトナムが運営するズンクアット製油所（約15万バレル）と合わせて国内のガソリン需要の大半を2カ所の製油所でまかなえる規模だ。

図9　ニソン製油所
（引用：出光興産のホームページ）

　最新鋭の装置を設けて稼働にこぎつけたニソン製油所はペトロベトナムがアジア市況に準じた価格でほぼ全量を引き取っている。

(2) 製油所の収益向上に向けた水銀除去技術の導入

　水銀含有の原油は安価であるが，水銀が製品に含まれるため，水銀除去装置の設置が必要である。在来型炭化水素の石油，天然ガスに含有される水銀は，金属水銀，イオン水銀および有機水銀の形態をした複数の化合物である。また，非在来型炭化水素のシェールガスおよびメタンハイドレートに含まれる水銀も同様形態であり，これら形態の全ての水銀を除去する技術としては，高温，高圧での水素前処理工程を必要とし，複雑な装置構成で大型装置となり，投資額も多くなる。また，水銀除去剤は硫化物を担体に添着したものであり，この硫化物の一部が石油，天然ガスに流出する可能性があった。

　IHテクノロジー㈱は常温，常圧で水素前処理工程を必要とせず，硫化物を添着していない水銀除去剤を用いて，金属水銀，イオン水銀および有機水銀の形態をした全ての水銀化合物を除去できる水銀除去剤を充填した新型の高機能水銀除去装置を国内のすべの石油会社で稼動している。

　現在，本装置は国内の石油化学会社などで多くの実績を有し，（一財）JCCP国際石油・ガス協力機関（JCCP）の事業として，中東のオマーンでの製油所でのナフサからの水銀除去実験および天然ガスからの水銀除去実験を実証実験も実施し，目標の成果をあげている。

　今後，環境面，安全面からニーズがますます高まりつつあり，国内はもとより，海外でも石油製品，天然ガス，シェールガス・オイルなどを扱う分野において，大きく貢献することが期待できる。

① IHテクノロジー㈱ 水銀除去装置（えひめスゴ技認定）

　愛媛県西条市に本社がある研究・開発型の企業で，石油産業に関連した石油製品に含まれる微量物質の除去を得意とした企業である。

　原油および天然ガスの生産プラント，石油精製および石油化学の製造プラントにおいて，経済性，安全性および環境問題などから近年その対応が迫られている水銀を1ppb以下に除去できる画期的な水銀除去技術を開発した。

　開発した水銀除去材は硫化アルカリ金属，硫化アルカリ土類金属および塩化物を含んで常温で水銀化合物に作用する高機能活性炭である。炭化水素中には水銀除去剤の吸着阻害物が含まれている場合があり，この阻害物を除去するため，前

処理工程を備えた装置も開発している。

② **水銀除去装置の開発目標**

　研究目標は簡易，廉価で金属水銀，イオン水銀および有機水銀を同時に 1 ppb 以下まで水銀濃度を低減できる水銀除去装置の開発であった。

　金属水銀，イオン水銀および有機水銀と化学結合エネルギーの高い分子を計算化学で見出した。本計算化学を基に，特定の機能，性状を持つ活性炭を調製した。

　活性炭の特長は高表面積で，金属水銀，イオン水銀および有機水銀の除去に適した細孔を多く有した無添着活性炭である。活性炭は原料の椰子柄由来の硫化アルカリ金属，硫化アルカリ土類金属および塩化物等が含まれているため，常温，常圧で触媒作用と吸着作用を併せ持つ高機能活性炭で，化学反応および化学結合ないしは物理吸着で金属水銀，イオン水銀および有機水銀を同時に除去できる水銀除去剤である。

　微量水銀の分析方法は日本インスツルメンツ㈱製の水銀分析計を用いて実施した。現在，日本インスツルメンツ㈱製水銀分析計が世界の水銀分析分野の頂点たっていることは喜ばしい限りである。

③ **水銀吸着剤の開発過程**

　ナフサからの水銀吸着剤の開発ステップを図 10 に示す。手順はバッチ法ラボテスト→流通法ラボテスト→流通法ベンチテストの順である。

　バッチ法ラボテストは，実験室において簡単な回分式テスト装置で吸着剤をサンプルと混合し，24 時間撹拌することにより液中に懸濁させて吸着を行った。活性炭に吸着するモデル水銀を高吸着順に並べると，図 11 のごとく Hg＞MeHgCl＞Et$_2$Hg＞n-Bu$_2$Hg＝Me$_2$Hg 順位となった。

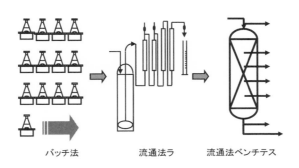

　　　バッチ法　　　　　流通法ラ　　　流通法ベンチテス

図 10　水銀吸着剤の開発ステップ

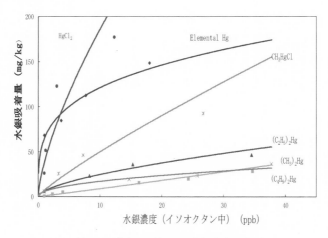

図 11 水銀の種類別の水銀除去能力

　流通法ラボテストは内径 1 cm のガラス製カラム 4 本（長さ 8 cm × 2 本，28 cm，10 cm 各 1 本）全長 54 cm に水銀除去剤を充填，各カラムをテフロン管にて，流通法ラボテスト装置概略図の通り接続した。

　金属水銀をイソオクタンに溶解し水銀濃度約 40 ppb に調整したモデル水銀溶液 10 L をテドラバッグに採取し，設定のテスト条件（線速度：規定値，温度：室温，圧力：0.1 MPa）で通油を開始した。各カラム出口から 100 mL，900 mL，2,500 mL，3,300 mL，4,500 mL，7,700 mL 通液毎に採取し，採取したイソオクタン溶液の水銀濃度を測定した。

　パイロット装置（図 12）の大きさは，内径 30 cm，高さ 200 cm である。通液方法は装置の上部から通液する下向流である。サンプルは，装置の①（入口サンプリング口），⑥（出口サンプリング口）と装置本体の 4 箇所のサンプリング孔②（上段サンプリング口），③（中段上サンプリング口），④（中段下サンプリング口），⑤（下段サンプリング口）から採取する。流通法ベンチテストでの線速度は，流通法ラボテストと同一とした。パイロットテストでは実装置の設計に必要な吸着帯長さ，吸着帯移動速度および水銀吸着量を求めることを目的としてパイロットテストを行った。

　パイロットテスト結果を図 13 に示す。入口の水銀濃度は 800 ppb から 200 ppb まで振れるが，出口の水銀濃度は 1 ppb 以下であった。

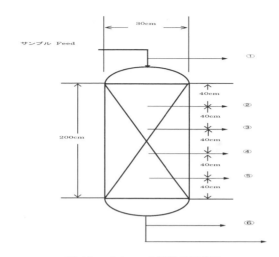

図 12　パイロット装置の概略図

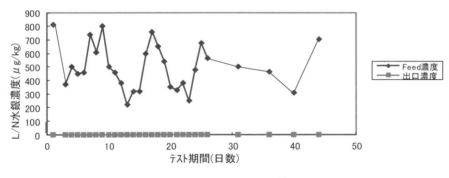

図 13　パイロットテスト結果

④　水銀除去機構の解析

　実装置での使用済水銀除去剤の X 線回折において，硫化水銀，水酸化鉄の存在が確認された。さらに，電子顕微鏡分析においては，活性炭表面に硫黄分も水酸化鉄も水銀とほぼ同一の分布を示していることが確認された。

　これらの結果より，水銀除去剤に吸着している水銀は，その形態に関わらず，活性炭に含まれる硫化アルカリ金属，硫化アルカリ土類金属および塩化物などの存在下で，活性炭に含まれる水分を介在し，塩化物と化学反応後，硫化水銀の形態で存在していることが確認された。

　水銀除去装置において使用される吸着剤は無添着炭ではあるが，原料由来の硫化アルカリ金属，硫化アルカリ土類金属および塩化物等が含まれた高機能活性炭であるため，推定される水銀除去機構としては化学結合で金属水銀，イオン水銀および有機水銀を同時に除去できる水銀除去の機構（図14）と推論している。

　水銀除去機構は，初期段階と最終段階から成り立っていると考えている。初期段階では無機水銀が吸着剤表面の硫黄と吸着される。最終段階では吸着剤に存在する塩化物の官能基と水銀が吸着剤表面で水銀化合物となり吸着剤に吸着される。次いで，塩素化合物が着剤表面の硫黄と反応して硫化水銀として順次吸着される。

　本技術は，従来技術のように前処理工程を設けることなく，単一の水銀除去塔にて硫化アルカリ金属，硫化アルカリ土類金属および塩化物が常温で水銀化合物に作用する反応吸着水銀除去剤として高機能活性炭を開発したことが特徴となっている。

　図15に実機の稼働状況を示すが，入口の水銀濃度は日々，大きく振れるが，出口の水銀濃度は 1 ppb 以下である。

　水銀処理した活性炭は，野村興産㈱で産廃処理が可能であり，水銀除去装置の稼動に全く課題を発生させない技術である。

⑤　**水銀除去装置の国内外の評価**

　本水銀除去装置は 2007 年に石油学会技術進歩賞および 2009 年にオマーン王立

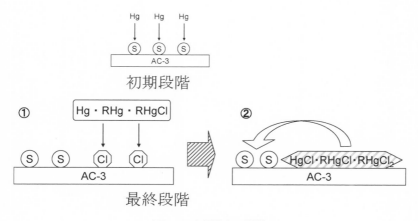

図 14　水銀除去の機構

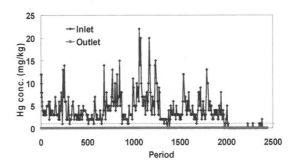

図15　水銀除去装置の稼働除去状況

図16　えひめのスゴ技認定書

スルタン・カブース大学功労賞を受賞した。また，国内の稼動実績は着実に増加しており，2014年，石油学会発刊の『石油精製プロセス』に日本で開発された数少ない石油精製プロセスのひとつとして紹介されるまでの認知度となっている。2019年11月にコスモ石油㈱堺製油所でプロパン，ブタン，ライトナフサ，ヘビーナフサの4塔の水銀除去装置を稼動させている。

　愛媛県はみかん，真珠および真鯛など農林水産県というイメージがあるが，実はものづくり先進県で，製紙，石油・石油化学品，タオル，造船，農機具などがある。これらの「えひめのスゴ技」（現在241認定）が輝ける愛媛の未来の原動力を生み出している。その一助として，IHテクノロジー㈱が開発した石油製品中の超微量不純物除去装置が2019年5月10日の「えひめのスゴ技」（図16）に認定された。

3.1.3　2050年までに環境燃料への変身

　原油は数百万種以上の成分を含む超多成分系であり，特に重質油は分子組成と化学構造が極めて複雑なため，従来は分子論に基づく科学的な取り扱いが困難であった。ペトロリオミクスは，最先端の機器分析とIT技術を駆使して石油の組

成と構造を分子レベルで解明し，その物性と反応性を予測することで，選択的に必要な石油製品を製造する新規な技術である。

ペトロリオミクスは詳細組成構造解析，分子反応モデリングおよびインフォマティクスの3つの要素技術で研究が進められている。

詳細組成構造解析は，極めて分解能が高いフーリエ変換イオンサイクロトロン共鳴質量分析装置で原油や重質油に対する分子レベルの詳細な組成分析を行い，原油や重質油に含まれる数万から数十万の成分を精確に分析し，その組成式を決定している。

分子反応モデリングは，石油や重質油などの反応挙動を，分子レベルの組成と化学構造の変化としてもモデリングし，それを数式化して，コンピューター上での様々なシミュレーションを行なっている。

インフォマティクスは，前述の詳細組成構造解析や，分子反応モデリングにより多くのデータが生成され，ソフトウェア工学を用いて，今後の研究開発に有用な知見を得るための情報処理技術であり，原油や重質油などのデータを解析することで詳細組成に基づく原油のグルーピングや，詳細組成と原油物性との相関関係などの高速分析を行っている。これらのシステムを使用して効率的に製油所を稼動させて可能となった。

(1) 定置式燃料電池向けの LPG（緊急災害の小型発電機）

定置式燃料電池はすでに量販家電店で販売される時代となっている。定置式燃料電池，太陽光電池，蓄電池の3電池を組み合わせることで，通常時の電力自給率を高め，停電時にも運転を継続し電力を確保することができる自立型エネルギーシステムの販売が確立している。

定置式燃料電池（図17）の燃料は LPG と天然ガスであるが，LPG はボンベ供給で天然ガスは配管供給であるので，市場での棲み分けが明確であり，競業は少ない。LPG の新規用途のため増販が予想される。

燃料電池自動車の意外な活躍場所は災害の緊急電源である。災害時において，燃料電池自動車から家庭への電源供給を行うことができる。緊急電源の最適な機器は定置式燃料電池である。

定置式燃料電池が家庭内の電力および給湯として使用され，空間，安全性などで制約が少ないため，分散発電としての家庭・業務用燃料電池システムとして開発された。発電と同時に発生する排熱を取り出し給湯などに利用できる。そのた

メーカー	アイシン精機	パナソニック
外観	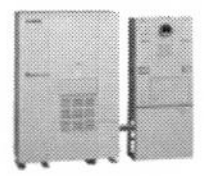	
発電方式	固体酸化物形（SOFC）	固体高分子形（PEFC）
出力範囲	50〜700W	200〜700W
定格効率（LHV）	発電：52%／熱回収：35%	発電：39%／熱回収：56%
サイズ (mm)	W780×D330×H1,220	W400×D400×H1,750
タンク容量／温度	28リットル／約70℃	140リットル／60〜80℃
ガス種	都市ガス／プロパン	都市ガス／プロパン
集合対応	あり（戸建と兼用）	あり（専用品）
寒冷地仕様	−	あり（専用品）

図17　定置式燃料電池の商品
(引用：アイシンとパナソニックのホームページ)

め，エネルギー効率が高いのが特徴である。

　家庭・業務用燃料電池システムは，運転および保守が容易であること，安全であること，素人でも運転可能である点が挙げられる。経済性では，量産化を条件とするが，高級家電並みの10〜20万円／台が望まれる価格である。

　定置式燃料電池はすでに図18のごとく約30万台も量販家電店で販売される時代となっている。ENEOS㈱は現行の燃料電池「エネファーム」（PEFC型）に比べ，約40%（容積比）小型化するとともに，定格発電効率45%を実現した，世界最小サイズ，世界最高の発電効率を有するSOFC型のエネファームを2011年10月に販売開始を発表した。

(2)　石油化学原料の軽質ナフサ

　G20サミットの提言で廃プラスチックごみの規制が厳しくなっている。プラスチックごみが世界的に問題となり使用できなくなり，環境に優しい生分解のプラスチックが主流となるため，原料のナフサの用途が減少することが予想される。

　プラスチックは，いくら小さくなっても，分解できず，海の生き物がえさと間違えて食べてしまうことがあり，海の生態系への影響が心配されている。適切に処理しなければ，海でプラスチックが，長い間地球の環境を汚し続ける。国別の海洋へのプラスティックの流失量は中国が350万トン，ベトナムが70万トン，米国が10万トン，日本は6万トンと推定されている。欧米ではストローなどの使い捨てプラ製品の使用禁止を検討している。

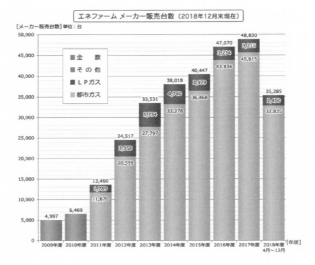

図18　定置式燃料電池の販売台数
（JX・TG エネルギ-ホームページ 2018 年 12 月）

(3)　航空燃料の灯油

　航空燃料は石油の灯油系とワイドカット系の 2 つに大別され，灯油系は灯油留分で製造され，ワイドカット系は灯油留分に重質ナフサ留分と軽質ナフサ留分が含まれている。2014 年では輸送旅客数は 32 億 7,200 万人で，1994 年以降，増加傾向にあり，さらに伸び率が加速すると予想されている。2014 年の主要なジェット機運航数は 1 万 7,948 機で，2004 年以降増加傾向にあり，今後も増加が予想される。今後，世界のグローバル化はいっそう進むため，航空機での移動が増加するので液体の航空燃料の使用量は増加する。

　一方，バイオ航空燃料の製造には，プラントの設置や運用にかかるコストも含め，ガソリンの約 4 倍のコストがかかるとされている。原料の安定供給にも地域差があり，食料と競合する可能性もあるなど，コスト以外にもさまざまな問題がある。電気エネルギーで航行するには蓄電技術の一大革新が必要で，航空エンジン開発の奇跡を信じたいが，今後，50 年後，100 年後も航空燃料は液体燃料の灯油しかないと思われる。

(4)　船舶燃料規制で軽油が船舶燃料

　船舶燃料に対する国際的な環境規制が 2020 年 1 月から導入され，大気汚染の

原因となる硫黄酸化物の排出を減らすために，燃料に含まれる硫黄分が引き下げられる。海運は経済活動を支える物流の要であり，世界的に大きな課題となっている。現在，燃料に使う重油は今のままでは使用できないので，低硫黄燃料油の軽油で対応するのが最適である。電気エネルギーで航行するには蓄電技術の一大革新が必要で，船舶エンジン開発の奇跡を信じたいが，今後，50 年後，100 年後も船舶燃料は液体燃料の軽油しかないと思われる。

(5)　環境燃料の誕生

温室効果ガスの二酸化炭素（CO_2）を原料とした GTL 燃料の製造および人工光合成による水素分子を利用した燃料の製造が可能となる。

①　二酸化炭素を原料とした GTL 燃料

日本の GTL 技術は二酸化炭素を原料にしていることで世界的に注目されている。GTL とは，20 世紀初頭は，GTL の原料としては石炭が使用されていたが，1940 年代には大部分が天然ガスとなり，現在，GTL とは天然ガスから合成ガス（$CO + H_2$）を製造し，FT 合成でワックスを製造して，水素化分解で液体燃料を製造する方法である。

・合成ガスの製造方法

水蒸気改質法では，天然ガスに水蒸気を投入して合成ガスを製造する方法で，反応温度は約 700℃ で，反応圧力は約 1 Mpa で，触媒はニッケル系の金属化合物である。

部分酸化改質法では，天然ガスを完全燃焼より少ない酸素で燃焼させて，合成ガスを製造する方法である。反応器の内部は 1,000℃ 以上になるため，高品位な耐熱材が必要で，また，天然ガスの燃焼時間は数秒と非常に短時間で，炭素を析出しない条件での運転が難しい。

自己熱改質法では，同一反応装置内の上部に部分酸化改質法，下部に水蒸気改質法を組みこんだ方法で合成ガスを製造する。本法は部分酸化改質法で発生した熱を水蒸気改質法の熱に利用できるので熱効率が向上するが，部分酸化改質法と水蒸気改質法の反応条件を上手く組合せることが難しい。

・FT 合成の方法

1926 年にドイツの F. Fischer らが，アルカリを含む鉄触媒を使用することにより，合成ガスから液体燃料が生成することを発見した。反応温度は約 200℃ で，

反応圧力は約 1 Mpa で触媒は鉄またはコバルトを使用しており，触媒に流動性を持たせたスラリー床反応器が主流である。

• 水素化分解の方法

　FT 合成で製造されたワックスをナフサ，灯油および軽油に分解する装置であり，触媒は白金およびパラジウム系の混合触媒であり，反応温度は約 300℃，反応圧力は約 10 MPa である。

　GTL の製品は原油から製造される石油製品に非常に類似した品位を有しているので，石油製品とほぼ同等用途で使用される。実機の稼働状況は下記であるが，これらの装置は二酸化炭素を原料としていない。

• 海外の動向

　サソール社では，1950 年代に南アフリカで GTL 技術を商業的に応用し，石炭から液体燃料を製造するために 150,000 BPSD の装置を運転している。現在，この規模は世界で最大の能力である。合成ガスの製造は，トプソー社の自己熱改質装置を導入し，FT 合成は自社開発した鉄系触媒を使用したスラリー床装置で行っている。本技術を導入してカタールの ORYX 社で GTL 装置が稼動している。

　シェル社では，1940 年代の後半から天然ガスを原料として液体燃料化に関する研究開発を続けてきた。マレーシアのビンツルから生産される天然ガスを原料として 12,500 BPSD の装置を建設し 1993 年に運転を開始した。このプロセスには 3 つの工程があり，合成ガスの製造は水素／一酸化炭素が 2 となる部分酸化法である。FT 合成はコバルト系の高性能触媒を使用した固定床でワックスを製造している。さらに，製造されたワックスを水素化分解することで，ナフサ，灯油および軽油を製造している。本技術を導入してカタールの Pearl 社で GTL 装置が稼動している。

• 国内の動向

　(独)石油天然ガス・金属鉱物資源機構は二酸化炭素を原料として使用している。日本独自の GTL 技術である JAPAN-GTL プロセス開発のため，日量 500 バーレル（約 80 キロリットル）の GTL の実証プラントを新潟市に建設（図 19），2009 年 4 月から実証試験を実施し，予定した試験目標を達成し実証試験を成功裏に終了した。運転時間 1 万時間，連続運転時間 3 千時間を達成し，この間，

種々の実証試験を行うことにより，商業規模で利用可能な GTL 技術を確立することができた。

　日本では二酸化炭素を原料として利用するカーボンリサイクルについて，図20 の技術ロードマップが策定されている。本ロードマップでは，CO_2 を利用可能なエネルギー・製品毎にコスト低減に向けた課題と目標を明確化している。こ

図 19　日本の GTL 装置

参考：CO2利用のフロー図（化学品、燃料、炭酸塩）

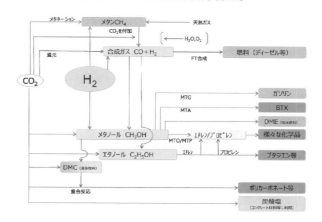

図 20　技術ロードマップ
（引用：経済産業省のホームページ）

れを国内外の産学官の関係者の間での技術開発のマイルストーンとして広く共有することにより，本分野でのイノベーションを加速化している。エネルギーアクセス改善と気候変動問題の 2 つの課題を同時解決するためには，あらゆる技術的な選択肢を追求しつつ，化石燃料から排出される CO_2 の問題に正面から取り組む必要がある。

その中でも，CO_2 を資源として捉え，これを分離・回収し，多様な炭素化合物として再利用するカーボンリサイクルに係る技術は，将来有望な選択肢の 1 つであり，そのイノベーションを加速化していくことが重要である。

本ロードマップは，カーボンリサイクル技術について，目標，技術課題，タイムフレームを設定し，広く国内外の政府・民間企業・投資家・研究者など関係者に共有することによりイノベーションを加速化する目的で策定されている。

カーボンリサイクル技術のイノベーションを加速するため，①CO_2 を資源として利用可能な物資毎に，技術の現状，コスト低減に向けた課題を明確化，技術進展のステップを記載し，②既存製品と同等のコストを目指し，2030 年・2050 年のコスト目標を設定している。

②　人工光合成の燃料

植物は自然界で太陽光エネルギーを使って水から酸素と水素を製造し，更に環境燃料を製造する。この反応工程を人工的に実施するため，光触媒の開発，分離膜の開発，合成触媒の開発が行われている。経済産業省が支援する研究プロジェクトが 2012 年度から始まっており，2014 年度以降は（国研）新エネルギー・産業技術総合開発機構（NEDO），企業，大学，国立研究機関など，産学官の連携で実施されている。

太陽エネルギーによって水から水素と酸素を低コストで効率的に大量生産が可能な技術の開発である。植物の光合成における太陽エネルギー変換効率は 0.2～0.3％ で，これを大幅に上回る太陽エネルギー変換効率を実現する必要がある。

太陽エネルギー変換効率の向上に向けて新しい光触媒として，タンデムセル型光触媒では，2016 年度に植物の光合成の約 10 倍となる太陽エネルギー変換効率 3.0％ の光触媒を開発した。2018 年 7 月に NEDO は，東京大学とともに，Cu(In,Ga)Se$_2$ をベースとした光触媒で，エネルギー変換効率 12.5％ を達成している。今後の研究開発で人工光合成の燃料の製造が可能となる。

③　環境樹脂

　生分解性プラスチックは，微生物の働きによって最終的に水と二酸化炭素にまで分解されることから，廃棄物処理問題の解決につながると期待されている。生分解性プラスチックには，生物資源由来のバイオプラスチックで，生分解性プラスチックの成分として，ポリ乳酸，ポリカプロラクトン，ポリヒドロキシアルカノエート，ポリグリコール酸，変性ポリビニルアルコール，カゼイン，変性澱粉がある。石油由来では PET 共重合体がある。

　近年，さまざまな種類の生分解性プラスチックが開発され，原料や製造方法の観点から，微生物産生系・天然物系・化学合成系の大きくは3つに区分することができる。

• 微生物産生系

　微生物の多くは，体内にエネルギー貯蔵物質としてポリヒドロキシアルカノエートを蓄積し，ポリプロピレンに近い融点や破壊強度を持っており，ポリヒドロキシアルカノエートそのものでは脆いため，別の成分モノマーを導入したさまざまな共重合ポリエステルが開発されている。硬質射出成形品やフィルム，シートなどの原料に利用される。

• 天然物系

　植物によってつくられるセルロースの加工性を改良した，さまざまなセルロース誘導体が開発されている。生分解性を高めるための研究が進められ，半硬質タイプの生分解性プラスチックとして実用化されたものがある。

　トウモロコシなどの穀類やジャガイモなどのイモ類に含まれるデンプンは，結晶性に乏しいため，単独ではプラスチックの性質はないが，ほかの生分解性プラスチックとブレンドすることによってフィルムなどに製品化されている。また，デンプンに熱可塑性をもたせた変性デンプンがプラスチックの原料に使われている。

• 化学合成系

　デンプンの発酵などによってつくられた L-乳酸を，化学重合法で合成したポリ乳酸は，透明性や物理特性にすぐれているため，工業用材料としてさまざまな製造技術が開発されている。農業用シートやハウス用フィルム，食品トレイや包装用フィルム，レジ袋などで使用されている。

　コハク酸と 1,4-ブタンジオールの重合によってつくられるポリブチレンサクシ

ネート，アジピン酸と1,4-ブタンジオールの重合で作られるポリブチレンサクシ
ネートアジペートがある。

　今後の研究開発で安価で多量に環境樹脂の製造が可能となる。

4　コロナに負けるな石油産業

　約50年に渡り，お世話になっている石油産業に激励の下記エールを送る。

　2019年末から中国の武漢を基点に始まった新型コロナウイルスの感染は，瞬
く間に世界中に広まっていった。これにより，世界の人々の活動が一瞬にして遮
断され，世界経済が大きなダメージを受けている。

　もちろん，石油産業は人の動きが止まったことによって，ガソリンやジェット
燃料のような輸送用燃料の消費が激減し，あるいは工場が一部停止したことによ
り，産業用燃料需要が大幅に減少している。

　ちなみに，業界最大手のENEOSが2020年5月21日に発表したところによる
と，3月までの1年間の決算では，売り上げが前年度より10%減少し，最終的な
損益は1,879億円の赤字となっている。これは，新型コロナウイルスが流行する
前から原油価格が低下していたことによる在庫評価損の影響もあり，それに加え
て新型コロナウイルスの感染拡大の影響で燃料の販売量が減少したことが大きな
赤字要因だとされている。

　コロナショック後は，従来から言われていた石油製品需要の変化が一層加速さ
れることが予想される。また，石油会社は石油だけに限ることなく，総合エネル
ギー企業として電力や都市ガス，その他のエネルギー分野にも積極的に進出する
必要がでてくる。さらに，総合エネルギー産業としては，環境にやさしい燃料の
製造など，地球環境への貢献を念頭に舵を切っていくことが必要になる。

　これらの総合エネルギー分野において，石油産業は今まで培ってきた，様々な
ノウハウ，人材，土地などの資源を強みとして生かしていくことができると思わ
れる。

　今までも大きな出来事によって，社会や生活様式が大きく変化することはあっ
た。1970年代に起こった，石油ショックは，それまでの大量生産，大量消費が
賛美される生活様式から節約，省エネの考え方に転換することになった。

　また，1980年代初頭から世界的に蔓延したエイズウイルスは，それまでの慣

習，文化などの生活様式を一掃してしまうことになった。

　そのほか，湾岸戦争に伴うバブル経済の崩壊，東日本大震災とそれに伴う福島第一原発事故など，これらの出来事によって，われわれの生活様式はずいぶん変わってきた。

　経済や社会は少しずつ変化していくが，私たちの生活様式や文化はそれと同じようには変化しない。しかし，伝染病や国際問題などが発生することによって，生活様式が一気に大きく変わる。

　今日，世界的なグローバリゼーションや中国の台頭，情報通信技術の進展という経済，社会的な変化が根底にあって，少しずつ進んできた変化が，このコロナショックによって一気に進むことになる。それに対して，石油産業あるいはもっと大きくエネルギー産業も変貌していかなければならないと思われる。

第5章 自動車産業の動向

　自動車産業は誕生して100年の節目を迎え，ITとの組合せでCASE自動車の時代に突き進んでいる。自動車ほど20世紀の社会で役立った道具はなく，誕生して100年が経過してもその光は全く失われてなく，現在，自動車産業は自動車とAIとの融合で新世代の自動車に向かって進化している。AIとはartificial intelligenceの略でコンピューターという道具を用いて未来を予想する技術で，20世紀半ばにジョン・マッカーシー氏が作り出し，1956年に行われたダートマス会議開催の提案書において用語として初めて使用された。

　1980年代後半から人間の持つ曖昧さや高い環境適応能力を模倣するAIの研究開発と産業での応用が積極的に研究開発されたが，家電製品において応用される程であった。当時はインターネットが普及しておらず，単独動作が前提で，得られるデータが極めて少なく，利用可能なコンピューターの性能も低かったため，現実世界の複雑さに対抗し得る大規模なAIを動かすこともできなかった。

　その後，低コストで大量の計算ができる道具が手に入るようになったことで，ビッグデータの入手が可能となり，世界の民間企業主導でAIに関する研究開発競争が急激に展開された。ビッグデータはデータの量，データの種類，データの発生頻度・更新頻度で構成され，日々膨大に生成・記録され時系列性・リアルタイム性があるため，まるで生き物である。今までは管理しきれないため見過ごされてきたデータ群を記録・保管して即座に解析することで，ビジネスや社会に有用な知見を与え，これまでにないような新たな仕組みやシステムを産み出すことができる。

　2011年の量子コンピューターの発明とITインフラが急速に実用化されことで，AIの高速化でリアルタイムに問題解決できる環境が整備されてきた。今後は人間の頭脳をはるかに超えたシステムが構築され，更なるコンピューターおよびロボットなどの進歩が自動車をさらに大きく進化してくことは明確である。

　自動車が誕生以降，今日まで世界で使用されている。自動車社会は国家・地域

の枠において経済力・工業力が一定の水準に到達すると，急速な進展を見せることが実証されている。自動車社会の進展と国民総生産との間には正の相関があり，国民の年収のおよそ30%で自動車を購入できる水準になると自動車社会が進むことが実証されている。

　先進国では自動車利用が増加し利用形態が発展・多様化し，都市の発展や社会基盤に大きな変革が発生した。道路交通網は車社会の発生により急速な進歩し，都市部は急激に拡大，周辺の衛星都市や都市間を結ぶ道路網も発達した。

1　自動車の誕生

　ガソリン自動車が誕生したのは明治時代の1886年にドイツ人のカール・ベンツがガソリンエンジンを搭載した自動車を発明した。当時は自動車の有用性を認める人はなく，交通の主役である馬を怖がらせる邪魔者であった。　新規開発の製品の評価は何時の時代でも，多くの異なった意見があるが，いずれも時が解決し，世の中に必要な製品は認められる。

　自動車の誕生には次の逸話が残っている。1888年8月ベンツの妻は2人の息子と車に乗りマンハイムの町を出発した。当時の道は舗装されておらず，空気タイヤもまだ自転車用が発明されたばかりで過酷な道中であった。ガソリンスタンドもなく，薬局でシミ抜き用のベンジンを購入し，給油しながら旅を続け，夕刻に106 km離れたプフォルツハイムの町に到着する。自動車の回りには人々が集まり，ベルタたちに賞賛の声を送った。この成功により夫の発明は知られるようになり，妻は世界初の女性ドライバーとして自動車長距離旅行の歴史に名を残すことになった。

　その後，フランスのパナール・エ・ルヴァソール社は，エンジンの後方に，クラッチ，トランスミッションを縦一列に配し，後輪を駆動させる方式を考案し，1891年にこの方式を採用した自動車を販売した。また，この頃，空気入りのタイヤが発明され，円型のハンドルが発明さ，現在の自動車の姿が確立した。

　自動車はヨーロッパでは貴族の趣味として開発され，広大な国土を持つアメリカでは広く大衆が馬車に代わる移動手段として発展した。1908年にヘンリー・フォードは図1のT型フォードを開発し，販売した。

　図2のように，全米の自動車の販売台数は1915年で100万台，1925年で390

図1　フォードT型
（引用：フォードのホームページ）

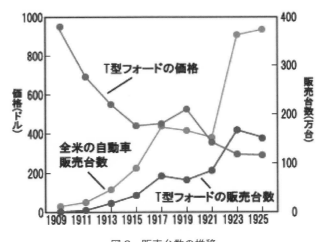

図2　販売台数の推移
（引用：千葉県立産業科学館資料）

万台であり，T型フォードの自動車の販売台数は1915年で50万台，1925年で150万台である。ヘンリー・フォードは1863年ミシガン州で生まれで，自動車会社のフォード・モーターの創設者であり，ライン生産方式による大量生産技術を開発した。フォードはアメリカの多くの中流の人々が購入できる初の自動車を生産し，北米全土および世界の主要都市にフランチャイズシステムによる販売店網を確立した。

　簡素な構造で運転も容易なフォードの車は初年度に1万台が製造され，1927年までに，総生産台数は1,500万に達した。

1.1　自動車燃料はガソリン・軽油

　自動車が一気に増産されたので，燃料としてガソリンと軽油が多量に使用された。石油は，紀元前から知られていたが，当初はアスファルトの材料，あるいは医薬品，わずかに灯油として使われているだけであった。

　1859年，アメリカのペンシルバニアで油井が開発され，それに目をつけたロックフェラーが大量輸送方式を考案し，1870年にスタンダード石油会社を設立後，自動車燃料用のガソリン・軽油の量産が始まった。その後，オクラホマ州やテキサス州およびメキシコ湾岸で油田が発見され，1870年代にはロシアのカスピ海沿岸バクー地方で石油の生産が始まり，バクーから黒海までの鉄道を敷設してバクーの石油がヨーロッパ市場に登場し，世界的に車の燃料は石油との地位を確保した。

　また，石油は新しいエネルギー源として世界的に急速に普及し，第2次産業革命を推進する原動力となった。

　1912年にアメリカのウィリアム・バートンが自動車用としてより多くのガソリンを得るため，灯油や軽油に熱を加えて分解しガソリンを製造する危険な図3の熱分解法を開発した。1912年に装置が完成し，数年のうちには何百もの熱分

図3　バートンの熱分解装置
（引用：千葉県立産業科学館資料）

図4　日本に設置されたガソリンスタンド
（引用：昭和シェル石油社のホームページ 2020 年）

解装置が設置され，大量のガソリンが製造された。

　ガソリンは複数の石油製品をブレンドして添加剤を加えて製造するため，石油製品の中では最も複雑で製造が難しい製品である。1920 年ごろガソリンは缶で一般の小売店で販売されており，危険で，効率が悪く，ガソリンの小売店は1万店であったが，1929 年には 14 万店に増加し，自動車社会の到来を感じさせた。

　1929 年の石油消費量の 85％はガソリンと重油が占めており，ガソリンの時代に突入した。シェル社は，世界で初めてロサンゼルスに巨大な看板，手洗所，進入路，雨よけの塀の構造をしたガソリンスタンドを登場させた。この標準化されたガソリンスタンドは新型の給油ポンプとともに瞬く間に全米に広がった。図4は日本に設置されたシェル社のガソリンスタンドである。

1.2　ガソリンは国際石油メジャーが生産

　世界の石油を操る国際石油メジャーは スタンダードオイルニュージャージー（エクソン・モービル），ロイヤル・ダッチ・シェル（シェル），アングロペルシャ石油会社（BP），スタンダードオイルニューヨーク（エクソン・モービル），スタンダードオイルカリフォルニア（シェブロン），ガルフ石油（シェブロン），テキサコ（シェブロン）であったが，2018 年には図5のように，エクソン・モービル，シェブロン・テキサコ，BP，シェル，トータルの5社に統廃合されている。

　国際石油メジャー統合の兆しは 1997 年にタイで始まったアジア通貨危機の影響で，アジア各国の通貨価格が急落し，1997 年 11 月の OPEC 総会での増産合意

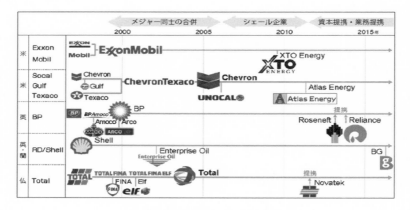

図5　国際石油メジャーの変遷
（出典：JOGMEC レポート）

により，石油需要の減少と供給過剰から，原油価格は急落した。1998 年の年間平均は 18 ドル／バレルであった。この時期，石油産業は，株主の強い圧力で利益率向上のための経営合理化を迫られ，国際石油メジャーは 2000 年に大規模な再編期を迎えた。1998 年 8 月の BP によるアムコの合併を皮切りに，エクソンとモービルの合併で，巨大な企業規模のスーパーメジャーを誕生させた。こうした企業買収により，国際石油メジャーは資金力，技術力，交渉力などの経営基盤を強化し，変わりゆく環境に対応した生き残りを図った。

　2007 年頃に国内のガソリン需要が頭打ちになったアメリカ市場では国際石油メジャーに属さない新規の石油精製専業企業であるバレロ社などが，既存の複数の国内製油所を買収し，その選択と集中を進めるとともに，近隣国などへの事業拡大を図り，製油所の統合を進める。2011 年にイギリスの製油所を取得するなど，北米から欧州，アフリカなどへの事業拡大を進め，大西洋市場全体での需給最適化に取り組んでいる。石油精製企業としては世界でもトップクラスで，アメリカ国内とカナダ，イギリスに 15 の製油所をもち，処理能力は日量 310 万バレルを誇る。これは日本全体の処理能力（同 334 万バレル）に肉薄する規模だ。

　2014 年以降の原油の低価格は，2000 年前後の低価格に並ぶ水準で，世界の石油開発への投資に打撃を与えている。2016 年末の OPEC 加盟国および非加盟国による減産合意にもかかわらず，米国のシェールオイルの生産拡大が原油の高騰

を抑えている。世界全体の石油上流開発への投資額は 2 年連続で縮小しており，国際石油メジャーを含む各国石油開発産業の財務状況は悪化した。

一方で，国際石油メジャー各社は採算性の悪い事業の資産の売却を進め，シェルは，カナダのシェル資産を 72.5 億ドルで，米国メキシコ湾資産を 4.25 億ドルで売却している。このように，国際石油メジャーでは，需要減少が見込まれる先進国地域での下流事業，石油精製事業を縮小し，今後の経済成長に伴い需要増加が見込まれるアジア地域などへ資本の移転を進め，石油製品のトレーディングを通じて全体の需給バランスを最適化することにより，収益の最大化を追求する対応を進めている。

アジア地域の需要は図 6 のように 2000 年には 20 百万バレル程度が，2020 年には 30 百万バレル程度に増加が予想され，2030 年には 35 百万バレル程度に増加が予想されている。

2017 年 3 月には 40 ドル/バレルに下落し，2019 年 2 月には 50 ドル/ であり，今後の原油価格の見通しについては不透明である。こうした原油価格の低迷は，世界中の石油・天然ガス開発企業に大きな打撃を与えた。国際石油メジャーのエクソン・モービル，シェル，シェブロン，トタール，BP の 5 社は図 7 のように，2016 年の純利益は 2014 年比で約 76%，投資額は約 37% 減少している。国家財政の大半を石油収入に依存する産油国への影響はさらに大きく，国内鉱区を外国

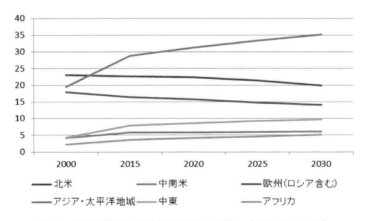

図 6　世界地域別の石油製品需要の見通し（百万バレル/日）
（引用：IEA, World Energy Outlook 2016 を基に資源エネルギー庁作成）

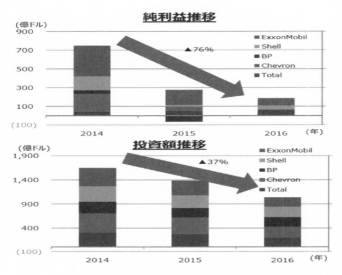

図7　国際石油メジャーの純利益と投資額の推移
（各社決算情報を基に資源エネルギー庁作成）

資本に開放し，国営石油会社の株式の売却を進めている。

　石油開発産業にとって，現在の原油価格低迷は，リーマン・ショックを超える大きな環境の変化に直面した出来事であったといえる。現在，リーマン・ショックを超えるコロナショックで需要の削減で，石油産業の立て直しを図っている。

1. 2. 1　エクソン・モービル社

　エクソンとモービルは2社とも，ジョン・ロックフェラーが1870年に設立したスタンダード・オイルの流れを汲む企業であり，スタンダード・オイルは，1911年にアメリカ最高裁判所により独占禁止法違反で34社に分割する判決が下された。その34社のうち，スタンダード石油会社ニュージャージーが最終的にエクソンに，スタンダード石油会社ニューヨークが最終的にモービルになり，1999年に両社が合併してエクソン・モービルとなり，エネルギー資源の探鉱・生産，輸送，精製，販売までの事業を垂直統合で一括している。

　世界200カ国以上で事業展開をし，21カ国に38カ所の石油精製所を展開し，石油精製能力は630万バレル/日である。エクソン・モービルが保有している石油埋蔵量は2007年末で720億バレル換算とされる。

　2017 年にパプアニューギニアの LNG 生産者であるインター・オイル社を買収し，ガスの埋蔵が確認されているモザンビーク沖合やキプロス海域の大水深探鉱鉱区の取得を行った。

1.2.2　シェブロン・テキサコ社

　1879 年にアメリカ合衆国でパシフィック・コースト・オイルとして創業し，1900 年にスタンダード・オイルに買収され，1911 年に独占禁止法でスタンダード・オイルが 34 社に分割されると，スタンダード・オイル・オブ・カリフォルニアとなる。

　その後，1984 年にガルフ石油を合併し，社名をシェブロンに変更している。2001 年にテキサコを買収しシェブロン・テキサコとなったが，2005 年に再びシェブロンに社名変更した。石油やガスの探鉱，生産，輸送，精製，販売を垂直統合で一括している。また化学薬品の製造販売，発電事業なども行っており事業規模は多方面である。

　シェブロン・テキサコは世界 180 ヶ国以上でビジネス展開している多国籍企業であり，系列会社を含めて世界 84 カ国に販売ネットワークを持ち，約 24,000 ヶ所以上の小売所を持っている。また，アメリカ，アジア，ヨーロッパの 13 の発電事業者の資産を保有している。2008 年に英国の灯油事業を売却したほか，ナイジェリア，ケニア，ウガンダ，ベナン，カメルーン，コンゴ共和国，コートジボワール，トーゴにおけるマーケティングなどの事業と，ブラジルでの燃料販売事業を売却した。全米の企業の中で 2012 年の売上高ランキングは世界第 3 位，純利益ランキングは世界第 2 位である。

　代替エネルギー分野では，燃料電池，太陽光発電，二次電池，バイオ燃料，水素燃料，地熱発電などへの投資を積極的に行っている。

1.2.3　シェル社

　ロイヤル・ダッチ・シェルは第 2 次世界大戦後から 1970 年代までヨーロッパ最大のエネルギー企業である。2001 年傘下の油田の埋蔵量を下方修正するなど財務上の問題が明らかになり，企業の透明性向上のため 2005 年 5 月総合されてシェル社となった。145 の国に広がり，世界中に 47 以上の製油所と，4 万店舗以上のガソリンスタンドをグローバルに展開している。

　探鉱，生産，輸送，精製，販売までの事業を垂直統合で一括しており，また事業の多角化を早くから行っており，石油事業，ガス事業，石炭事業，化学事業，

原子力発電事業，金属事業など様々な事業を保有している。

2000年代の初めからは代替エネルギーに力を注ぎ，太陽光発電，風力発電，水素プロジェクトなどの新規分野にも積極的に投資をしている。2016年2月にブリティシュガスを買収し，オーストラリアのLNG資産のブラジルの大水深油田権益を獲得した。

1.3　主要な産油国

主要産油国の原油生産コストは10ドル/バレルと推定されているが，主要産油国は国を安定して運営するには，土地の無償提供，医療無償，学費無償など多くの優遇制度があり，これを賄うとサウジアラビアは石油収入の財政価格83ドル/バレル，UAEは財政価格70ドル/バレル，オマーン財政価格87ドル/バレルである。現状の原油価格でも国を運営するには厳しい価格である。そのため，石油以外の経済の基軸の構築を目指している。

1.3.1　サウジアラビア

首都はリヤドで，サウード家を国王に絶対君主制国家で，イスラム教最大の聖地メッカを擁する。高所得国ではあるが，産業の多様性には乏しく，石油が主要産業となっている。

石油埋蔵量は世界第2位で，世界第1位の輸出国で第2位の生産国である。確認埋蔵量は2,600億バレルと見積もられており，世界の石油埋蔵量の25%である。サウジアラビアの石油は地表面に近いところに埋蔵されており，サウジアラビアは世界中のどこよりも安く，石油を生産して利益を得やすく，石油部門はサウジアラビアの国家予算のおよそ87%を占め，輸出金額の90%である。

2000年代になると，高い原油価格が国家予算の黒字をもたらし，職業訓練や教育，インフラ開発，政府の職員給与などへの支出を増大させた。2002年時点で，半官半民の巨大石油企業サウジアラムコを通じて生産されている。2014年後半以降の国際油価の低迷を受け，歳出削減，政府系ファンドの切り崩し，国債発行などの措置がとられている。中長期的には，石油依存からの脱却，経済多角化，人材育成を重要課題として取組んでいる。

2016年4月脱石油依存を目的とするサウジビジョン2030が公表された。国営石油会社サウジアラコムの一部株式公開を含む大規模な改革方針の中心は，投資主導経済・外資の積極的導入政策およびサウジアラムコの新規上場である。サウ

ジアラムコは 2019 年 12 月 11 日，新規株式公開（IPO）のプロセスを開始し，国内のサウジアラビア証券取引所（タダウル）に上場した。アラムコの評価額は約 1 兆 5,000 億ドルになる見込みで，ムハンマド皇太子が約 4 年前に初めてアラムコの IPO 計画を打ち出した際に目指すとしていた 2 兆ドルを下回った。

　国内市場で公開される株式は 1〜2% で，調達額は 200〜400 億ドルである。アラムコのヤシル・アルルマヤン会長は，東部ダーランにある本社で行われた記者会見で新たな投資家が恩恵を受ける機会となると発言があった。

1.3.2　アラブ首長国連邦

　アラビア半島のペルシア湾に面した地域に位置する 7 つの首長国からなる連邦国家で，首都はアブダビである。東部はオマーンと，南部および西部ではサウジアラビアと隣接する。

　ドバイはビジネス，人材，文化などを総合した世界都市格付けで世界 27 位の都市と評価され，2015 年の国内総生産は約 3,391 億ドルである。一人当たり国民総所得は 4 万 480 ドルで世界第 19 位，一人当たりの国民所得は世界のトップクラスである。

　国内総生産の約 40% が石油と天然ガスで占められ，日本がその最大の輸出先である。原油確認埋蔵量は世界 5 位の約 980 億バレルで，原油のほとんどはアブダビ首長国で採掘され，ドバイやシャールジャでの採掘量はわずかである。アブダビは石油の富を蓄積しており，石油を産しない国内の他首長国への支援も積極的に行っている。

　石油が圧倒的なアブダビ経済に対し，ドバイの経済の主力は貿易と工業，金融である。石油をほとんど産出しないドバイは，ビジネス環境や都市インフラを整備することで経済成長の礎を築いた。アラブ首長国連邦の非鉱業部門の中心であるドバイの商業開発や産業はアブダビや周辺諸国のオイルマネーが流れ込んだ結果であり，石油はこの国の経済の重要な部分を占めている。

　近年は，ドバイのみならず国内全体において産業の多角化を進め，石油などの天然資源の掘削に対する経済依存度を低め，中東における金融，流通および観光の一大拠点となることを目標にしている。また，食糧安保のために農業にも多大な投資をおこない，デーツなどを栽培する在来のオアシス農業のほかに，海水を淡水化して大規模な灌漑農業を行なっており，野菜類の自給率は 80% に達している。

2 自動車の大衆化

第二次世界大戦後，ヨーロッパは戦争で荒廃していたが，次第に自動車工業は復興し，ドイツではフォルクスワーゲンの小型大車が販売され，フランスではルノー，シトロエンの小型車が発売され広く普及していった。まさに世界は自動車の全盛期を迎えた。

1959 年には，現在も世界中で人気の MINI の初代モデルがオースチン社から発表され，横置きエンジンによる前輪駆動により，巧みなレイアウトで，小さな車形からは想像できないほど広い室内空間を得ることに成功し，小型車の革命と言われた。

アメリカでは，自動車販売が急速に拡大し，アメリカ車は黄金期を迎え，乱立していた自動車メーカーも，ゼネラルモーターズ，フォード・モーター，クライスラーのビック 3 へ統廃合された。

日本での自動車の生産制限が 1949 年に解除され，本格的な自動車生産は，海外の車両のノックダウン生産という形で始まった。ノックダウン生産の形態は，全ての部品を輸入し，組立のみを行う方法と主要部品のみを輸入して，その他は現地で調達する方法がある。日本のノックダウン生産は，1953 年にいすゞ自動車とヒルマン・ミンクス，1953 年に日野自動車とルノー，1953 年に日産自動車とオースチン，1984 年に日産自動車とフォルクスワーゲン・サンタナで行われた。

トヨタ自動車は独自路線をとり，純国産乗用車にこだわり開発を進め，1955年にトヨペット・クラウンを発表し，純国産乗用車が誕生した。

1946 年ホンダが設立され，1963 年に 4 輪車に参入した。1981 年に世界初の自動車用ナビゲーション・システムを完成させた。1982 年には，オハイオ州メアリーズビルで，日本の自動車メーカーとして初めてアメリカで 4 輪車の現地生産を開始し，昨今の日本の企業のグローバル化の手本とも言える大規模な日本国外への展開を，時代に先駆けて行った。

日本が独自の発展を遂げたのは軽自動車の分野で，1949 年にボディーの大きさとエンジンの排気量を制限し，大衆の手の届く製品として優遇措置がとられ，1954 年に規格が改定されて排気量が 360 cc に定められると，図 8 の富士重工が軽自動車のスバル 360 を一気に普及させた。

図8　スバル360
（引用：富士重工社のホームページ）

　1961年トヨタは小型大衆車のパブリカを発売し，その後，日本の国民車となったカローラを1966年に発売した。カローラは1968年〜2001年の33年間，国内販売台数1位を維持するベストセラーカーとなり，現在でも世界中で販売を続けている。

　1973年にはオイルショックが起こり，ガソリン価格が急騰し，自動車の低燃費化が求められ，世界をリードする技術を示したのが日本の自動車である。1972年にホンダは世界一厳しい環境規制に適合するCVCCエンジンを発表して世界に衝撃を与えた。さらに，アメリカ車に比べて圧倒的に燃費のいい日本の小型車はアメリカ市場で，販売を伸ばしていった。

　1980年には，日本の自動車生産台数が世界一となったが，アメリカとの間に貿易摩擦を引き起こすことになる。1970年代に米国の消費者が燃費の良い小型車を求めるようになり，日本の小型車などが人気を集め，日本から米国への自動車輸出が急増した。日本車にシェアを奪われたゼネラルモーターズなどの業績が相次ぎ悪化し，リストラに追い込まれた。

　デトロイトなど自動車産業の集積地では，日本車がハンマーでたたき潰されるジャパン・バッシングが繰り広げられた。1980年には全米自動車労組などが急増する日本車の輸入制限を求めて米国際貿易委員会へ提訴し，高まる圧力を受けて日本政府と自動車業界は1981年，対米自動車輸出台数を制限する自主規制を導入することになった。自動車の自主規制の枠は1980年の実績を下回る168万台に設定され，自主規制は93年度まで続くことになる。

　自主規制を受け入れた日本車メーカーは米国での現地生産を加速した。1982

年にホンダが米オハイオ州でアコードの現地生産を始め，1984 年にはトヨタ自動車とゼネラルモーターズがカリフォルニア州で合弁工場を設立した。

1989 年は，トヨタ・セルシオ，日産・スカイライン GT-R，ユーノス・ロードスターなどの名車が一斉にデビューし，日本車の名声を高め，絶頂期を迎えた日本車だったが，バブル経済の崩壊に直面した。

1991 年の新車販売は 7 年ぶりに前年を下回り，日本経済全体が長い不況のトンネルに入り，新型車の売上げは伸びなかった。この頃から，ユーザーの自動車に求めるものが多様化し，これまでは国内販売のほとんどがセダンタイプの自動車であったのに対して，軽自動車を代表とする小型実用車や，実用性の高いミニバンが販売の中心を占めるようになった。

2.1 自動車燃料は高性能のガソリン・軽油

自動車の性能向上と販売量の増加に伴い，ガソリンは高オクタン，軽油は高セタンが求められ，日本の石油会社（元売）が多量生産を開始した。

2.1.1 日本の石油会社

戦後，17 社があった日本の石油会社は現在，図 9 の太陽石油㈱，コスモ石油㈱，出光興産昭和シェル㈱，ENEOS ㈱の 4 社に統廃合されている。

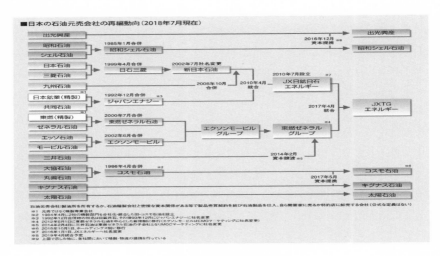

図 9　日本の元売の統廃合
（引用：石油連盟のホームページ）

(1)　太陽石油㈱

　愛媛県を地盤として，主に西日本の近畿，四国地方に展開している。ガソリンスタンドの現在のブランド名は，SOLATO（ソラト）である。ブランド名の由来は太陽を意味するソーラーと明日を意味するトゥモローからきている。

　太陽石油は昨今のエネルギーを取り巻く世界情勢や今後の展開は，産油国の国内情勢リスクを抱える一方で，アジア諸国の経済成長による石油需要の増加や，シェールガス革命に見られるような非在来型資源の生産量増大などにより，ますます予測が難しいと想定している。

　ブランドの SOLATO のスローガンはこの星と人のチカラである。この言葉には，何よりも人を大切にし，人を元気にしたい…この星と共にずっと暮らしていくために…という強い想いが込められている。

　石油の開発・輸入から石油製品および石油化学製品の製造・販売にいたる一貫操業体制を確立して，持続可能な経営を実現する企業を目指している。

（装置規模）

　四国事業所（愛媛県今治市菊間町種 4070-2）138,000 バレル／日

　太陽石油は国家石油備蓄基地の操業・保守管理を行う企業の日本地下石油備蓄㈱の株式を 36％ 保有し，岩手県久慈市・愛媛県今治市・鹿児島県いちき串木野市などの国家石油備蓄基地の業務を受託している。

　1986 年 3 月に愛媛県今治市に立地が決定し，同年 5 月建設の推進母体となる国家石油備蓄会社が設立され，1994 年 3 月に備蓄基地は完成した。同基地は，地下岩盤内に空洞を設け，地下水圧などにより貯蔵原油を封じ込める水封式地下岩盤タンク方式が採用されている。この方式は土地の有効利用，環境保全，安全性，経済性などに優れている。2004 年 2 月に国家石油備蓄基地は国の直轄事業となり，独立行政法人 石油天然ガス・金属鉱物資源機構（JOGMEC）は国家石油備蓄の統合管理業務を行っている。

（装置規模）

　菊間国家石油備蓄基地（愛媛県今治市菊間町）

　地下岩盤備蓄タンク：3 ユニット（136.4 万 kL）

　陸上シフトタンク：13.6 万 kL

(2)　コスモ石油㈱

　原油調達から石油製品，石油化学製品の製造・物流・輸出入であり，コスモエ

ネルギーグループの供給部門を担う中核事業会社として，事業活動の強化と社会貢献（CSR）の推進を両輪として取り組んでいる。

　世界水準の安全操業・安定供給を果たすことで，グループの企業価値最大化に向けて取り組んでいる。同社の培ってきた石油精製や研究開発のノウハウ・技術力の向上を図るとともに，他社とのアライアンスなどもスピード感をもって推進し，さらなる競争力強化に取り組んでいる。

　新連結中期経営計画のスローガンである Oil & New の，Oil とはまさに石油のことである。2030 年頃までは石油関連事業にまだまだ成長の可能性があり，攻めの経営で果実を得ることを目指している。

　国内のガソリン需要の減少が予想される中でも，キグナス石油との資本業務提携により販売シェアを拡大し，製油所の高稼働により収益力を改善できると見込んでいる。また，船舶用燃料に対する IMO 規制が適用される 2020 年よりも前倒しで，堺製油所の重質油熱分解装置を増強し，高硫黄重油を生産しない体制を構築している。これにより規制の対象となる重油留分を軽油などへ分解し収益油種の拡大を図っている。

　New とは石油以外のビジネスのことであり，具体的には，未来に向けて再生可能エネルギーや新規事業に投資をしていく。世の中が大きく変わったとしてもエネルギーは不可欠なもので，中でも，再生可能エネルギーの存在感はますます大きくなると予想している。その結果，事業ポートフォリオの形が変わったとしても，当社グループが世の中に必要とされるエネルギー会社であり続けることに変わらない。

　2008 年 7 月に堺製油所は図 10 の CBU（コスモボトムアップグレーディング）プロジェクトが開始されている。コスモボトムアップグレーディングは，重油やアスファルトなどになっていく重質油を原料に，需要の高いナフサや軽油を生産する重質油分解装置群の導入が目的である。重質油分解装置群は，前工程の重質油熱分解装置と，後工程の分解油水添脱硫装置で構成されている。重質油熱分解装置とは重質油を熱分解する装置で，そこで生成された油を分解油水添脱硫装置にかけ，硫黄分を取り除くことで，軽質ナフサ，重質ナフサ，ジェット燃料，軽油などの製品を規格にあわせて生産する。重質油熱分解装置と分解油水添脱硫装置は，需要の縮む重質油を，付加価値の高い白油に変える役割を果たしている。

　2010 年度から堺製油所で重質油分解装置群が始動し，需要構造の変化に応じ

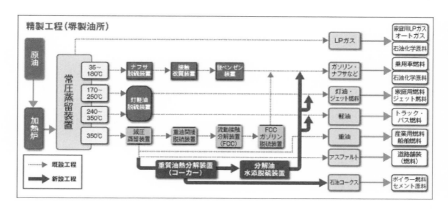

図 10　コスモボトムアップグレーディングプロジェクトの概要
（引用：コスモ石油㈱のホームページ）

た石油の安定供給と，重質油の有効活用を図り，コスモ石油グループの新たな取り組みが始まっている。1 年半かけて基本計画を練り上げ，さらに詳細設計に 1 年半を費やし，残りの期間で装置群を建設した。施工に携わった人の総数は延べ 52 万人にのぼるビッグプロジェクトである。

　プロジェクトの推進にあたり，環境アセスメントではコーカーの加熱炉からの二酸化炭素排出量を試算し，コスモ石油グループ全体の活動で二酸化炭素の増加分を削減していくか，行政と何度も調整を行なっている。さらに，NOx の排出に関しては，既設の装置にも改良をほどこし，製油所全体で環境負荷低減に努めている。

　安全計装化では，センサーなどの安全機構を 2 重 3 重にすることであらゆるリスクを排除し，現場とコントロールセンターの通信方式の高機能化や，機器の自己診断機能を導入している。

　堺製油所が，重質油分解装置群による生産パフォーマンスで日本のトップランナーとなれるよう，現場からいろいろな知恵を集めて体系化し，グループ全体で共有化している。2018 年には水銀除去装置を 4 基導入して稼働させている。めざすのは，日本一の高付加価値の実現である。
（装置規模）
　千葉製油所（千葉県市原市五井海岸 2）240,000 バレル/日
　四日市製油所（三重県四日市市大協町 1-1）132,000 バレル/日

堺製油所（大阪府堺市西区築港新町 3-16）100,000 バレル/日

(3) 出光・昭和シェル

創業以来，日本のエネルギー供給を支えるという社会的使命を果たすため，燃料油を中心とする事業で発展してきた。現在，需給構造の変化や地球温暖化をはじめとする環境問題がクローズアップされ，環境は過去から大きく変化している。さらに今後 30 年〜50 年の間で考えると企業の存在意義を問われるような，大きな経営環境の変化が起こると想定されている。

2019 年度よりスタートする第 5 次連結中期経営計画においては，この変化に対応した事業構造の変革が必須であると認識している。

第一に，2030 年以降も隆々とした企業グループであり続けるための成長戦略を策定し，将来への布石を打つことである。成長戦略の中心になるのは，これまでも力を入れてきた，潤滑油，電子材料，機能化学品，アグリバイオなど高機能材事業である。高機能材事業の利益を 2030 年までに倍増させ，石油，石炭，石油開発に大きく依存していたグループの収益構造を大きく変えていくことを考えている。一方で，今後もアジア地域においては化石燃料の需要が旺盛であり，環境に配慮しながら同地域への安定供給を図っていくことも重要な成長戦略としている。

第二に，国内で共に事業を展開してきた販売店，協力会社の皆様とのパートナーシップをさらに強固なものとしていきたいと考えている。国内の需要が減少していくのは避けられない，各地域で地元に密着し，地域の生活を支える役割を担っておられる販売店，協力会社の皆様は，出光グループにとって宝であり，このネットワークを地方再生，地域の活力につながるような業態に転換していけるよう，プロジェクトを創設し取り組み，昭和シェル石油とのパートナーシップを進化させ，アライアンス・統合を推進し，より競争力のある国内収益基盤を築き，2019 年に 4 月 1 日経営統合した。

第三に，同社のサステナビリティの観点での経営戦略構築である。化石燃料を主力の製品としている企業が「地球市民」として社会的な責任を，どのように果たしていくべきか，今後激変する環境変化に対応できる多様性の確立が，同社グループの持続的成長のためには不可欠であり，環境・社会・ガバナンス（ESG 戦略）の専門部署を設置し，強力に推進している。

（装置規模）

　北海道製油所（北海道苫小牧市真砂町）60,000 バレル/日

　千葉製油所（千葉県市原市姉崎海岸）220,000 バレル/日

　愛知製油所（愛知県知多市南浜町）175,000 バレル/日

　東亜石油京浜製油所（神奈川県川崎市川崎区）6,5000 バレル/日

　昭和四日市石油四日市製油所（三重県四日市市）210,000 バレル/日

　西部石油山口製油所（山口県山陽小野田市）120,000 バレル/日

⑷　ENEOS㈱

　グループの基幹事業である石油精製販売・化学品事業の競争力をさらに強化するために，統合シナジーの最大化・早期実現や最適生産・供給体制の構築を含めたサプライチェーン全体での取り組みを検討・実行している。販売面においては，2020 年 6 月の「ENEOS」ブランドへの統一作業を迅速かつ確実に実行し，統一ブランドのもとでの効果的な販売諸施策の遂行に加え，基礎化学品のマーケットプレゼンス活用による収益最大化に取り組んでいる。

　アジア太平洋圏を中心とした海外需要を取り込むプロジェクトの推進においては，当社が国内で培ってきたリソースや技術・ノウハウの活用が重要となる。同社の技術を活かした潤滑油事業の高収益化や機能材における新規事業の推進も一層のスピード感を持って進めている。高機能素材の分野は，デジタル化・軽量化が進む中で，大きなビジネスチャンスがあり，世界トップクラスの製品群を数多く育成したい分野としている。

　エネルギー供給においては，電気事業に加え，都市ガス事業も展開する。また，室蘭バイオマス発電などの環境に配慮した再生可能エネルギーの拡大も含め，さらに競争力のある電源開発を進めている。

　エネルギー革命の中で石油のウエイトが下がろうとも，日本のエネルギー供給者であり続けなければならないので，新規分野での競争は，今まで競争してきた相手とはまったく異なる相手になる可能性があり，柔軟で新しい発想とスピードある展開が必要となる。

　既に運用を開始した操業管理システム，導入に向けて準備を進めている ERP（Enterprise Resources Planning）や新たな内部統制の仕組みなどを通じて，業務そのものをより効率的・効果的に見直し，企業価値向上に結び付けている。また，AI や RPA（ロボティック・プロセス・オートメーション）の活用など最新

の情報技術の活用により，業務の効率化・生産性向上を図っている。

　将来の事業環境は非常に厳しいものになると予測される中，これを乗り越えていくために，「将来，当社はどうなりたいか，そのためには今から何をすべきかを徹底的に議論し，2040 年を見据えた長期ビジョンを策定する。同社が新たにどういう形で社会に価値を提供できるのかを考え，それに沿って事業内容を変革・構築する必要がある。将来に亘って勝ち続けるために欠かせない最大の戦略は，予測不能なこの世の中で，大きな変化にスピード感を持って対応し，未来をリードできる企業体・企業風土を作っていくことである。

　発展に向けて一緒に進んでいくにあたり，大切なことは，1 点目は「コンプライアンスと安全」で，常に繰り返し問い続け，意識しなければならない基本事項であり，信頼の源である。2 点目は，「対話」である。一人ひとりの力を向上させ，より大きな力に結び付けていくために有効な方法が「対話」であり，その結びついた力で価値向上につなげてほしい。3 点目は「変革意識と行動」である。変革には世の中を揺り動かすような大きな新しい取り組みもあるが，昨日まで当たり前のようにやっていた日々の仕事に疑問の目を向けてみることも大切な変革の一歩となる。その意識で何らかの行動をする。4 点目として，「組織の大企業病や縦割り意識の打破」である。変革を推進するポイントは，スピードと外に目を向けることを意識することが最も有効な方法である。すさまじく変化の速い今の世の中では，十分に考えてから行動するのではなく，考えながら行動しなければならない。スピーディーに判断し，行動できるとしたら，お客様にとっては最大の魅力となる。利益の源泉やイノベーションのヒントは，社内ではなく，外との関係に存在することを常に意識する必要がある。

（装置規模）

　仙台製油所（仙台市宮城野区港 5 丁目）145,000 バレル/日

　鹿島石油鹿島製油所（茨城県神栖市東和田）270,000 バレル/日

　千葉製油所（千葉県市原市千種海岸）152,000 バレル/日

　川崎製油所（神奈川県川崎市川崎区浮島町）258,000 バレル/日

　根岸製油所（横浜市磯子区鳳町）270,000 バレル/日

　大阪国際石油精製大阪製油所（大阪府高石市高砂）115,000 バレル/日

　堺製油所（大阪府堺市西区築港浜寺町）156,000 バレル/日

　和歌山製油所（和歌山県有田市初島町浜）170,000 バレル/日

水島製油所（岡山県倉敷市潮通）345,200 バレル／日

麻里布製油所（山口県玖珂郡和木町和木 6 丁目）127,000 バレル／日

大分製油所（大分市一の洲）136,000 バレル／日

3　ハイブリッド自動車の登場

　2000 年ごろ地球全体で大気汚染および水質汚濁の環境問題が深刻になり，特に自動車の排ガスが問題となり，共生時代の救世主としてハイブリッド自動車が誕生した。ハイブリッド自動車はエンジンの駆動と電力モーターの駆動の両方で走行することでエンジンの駆動走行に比べ燃費が向上し，温室効果ガスの発生量が少ない画期的な自動車である。

　エンジンと電気モーターの二種の動力源を装備したハイブリッド自動車の歴史は古く，1800 年初頭に発明されたが，部品の構造が複雑なため，21 世紀の実用化まで時が経過した。1975 年にトヨタ自動車が 1975 年の第 21 回東京モーターショーでハイブリッド自動車を出品し，1997 年 10 月トヨタ自動車が世界初の量産ハイブリッド自動車のプリウスを日本と北米で販売した。

　ハイブリッド自動車は長年にわたり磨き続けてきたトヨタ自動車独自の世界に冠たる技術である。その特徴は，エンジンとモーターそれぞれの長所を最大限活かせるハイブリッド自動車の組合せで低燃費と力強い走りを実現するため，セダン，ワンボックス，RV 車，トラックなど，あらゆるタイプの車に投入されている。

　トヨタ自動車は世界初の量産ハイブリッド自動車専用車としてプリウスを誕生させ，発表当初の燃費は 28 km/L で，ガソリンエンジン車と比較して驚異的なものであった。販売価格は 200 万円と，同程度の車が 150 万円で販売されていたので高価であった。

3.1　ハイブリッド自動車の構造

　スプリット方式はエンジンで出力を発電と駆動に振り分け，駆動にはモーターが直結されており，これによる駆動力を適宜調整する方式である。パラレルト方式とシリーズ方式の組み合わせである。

3.2 世界初のハイブリッド自動車の開発経緯

　1993 年にトヨタ自動車では 21 世紀の車に関する関心が高まり，プリウスにつながる開発が動き始め，21 世紀をリードする画期的な燃費向上への取り組みの G21 プロジェクトが発足した。1995 年秋には電池を採用した試作モデルが完成し，東京モーターショーに出品した。

3.2.1 初代プリウス（1997〜2003）

　1997 年発売のキャッチコピーは「21 世紀に間に合いました」。まさに化石燃料依存から脱しようとする 21 世紀の車像の先駆けとなった。既存のガソリン車と同等の走行性能を保ち，約 2 倍の低燃費と CO_2 排出量半減などを実現した。2000 年から輸出を開始し，環境に敏感なアメリカ市場では大きな話題となり，富裕層が率先して愛用したことも社会現象となった。

　プリウスとはラテン語で「〜に先立って」という意で，地球の未来を築いていく車との願いが込められた車である。プリウスのテーマは，環境との共生で，二酸化炭素の削減，省資源など地球環境に配慮しつつ，車の楽しさという本来の魅力を追求し，車と人，車と社会，そして車と地球の調和をめざした革新的な車である。新駆動システムとして画期的な低燃費と排出ガス低減を実現するトヨタハイブリッドシステムを採用するとともに，先進的な内外装デザインでハイブリッド車としての独自性を明確に打ち出している。

　プリウスは，あらゆる観点から環境にアプローチ，コンピューター解析を駆使し，空気の流れをスムーズにするボディー形状を採用するとともに，床下のフラット化を実施し，全高が高く，全長が短い新しいプロポーションを実現している。高張力鋼板の大幅採用などにより，高剛性かつ軽量なボディーを実現し，低燃費を追求している。空調システムはエアコンユニット内を上層と下層の二層構造にし，換気負荷を低減する内外気二層式オートエアコンを採用し，さらに，断熱構造ボディー，UV カットグリーンガラスの採用なども加わりエアコン効率を高めている。

　トヨタハイブリッドシステムは，エンジンと電気モーターを組み合わせた新駆動システムで，システム制御による高効率運転を可能にした。加減速の多い市街地などの走行時でも回生ブレーキとエンジン停止システムなどの効果により，燃費を画期的に高め，走行燃費で 28 km/L という低燃費を実現した。これは，従来のガソリンエンジン搭載のオートマチック車に比べ，約 2 倍の燃費性能であ

り，CO_2 の排出量を約 50% に削減した．また，同時に CO，HC，NOx を規制値の約 90% に削減して，排出ガスを一段とクリーンにしている．

リサイクル性に優れた熱可塑性樹脂をフロントおよびリヤバンパーの外装部品をはじめ，インストルメントパネルなどの内装部品にも積極的に採用している．また，バンパーにコーナーモールを設定し，バンパーにランプ類を取り付けない構成とし，リサイクル時の二次解体性を高めている．さらに，各部の防音材には使用済み車両のシュレッダーダストから再生した高性能防音材を採用している．また，環境負荷物質低減の観点から，ワイヤーハーネスの電線被覆材および保護材は，鉛をまったく含まない新開発の材料を使用しているほか，フューエルタンクにも鉛を含まないアルミメッキ鋼板を採用している．

3.2.2　2代目プリウス（2003〜2009）

先代のトヨタハイブリッドシステムを発展させ，エンジンの回転数を高めたほか，モーターの出力を 50% 増しの 50 kW とし，走行性能を向上させた．10・15モード燃費は世界トップレベルの 35.5 km/L に向上したほか，駐車時のハンドル操作を自動化できるインテリジェントパーキングアシストや，横滑り防止機構と電動パワーステアリングを統合制御など，世界初の先進技術を搭載した．

空力ボディー，インバーターオートエアコンなど数多くの先進技術など軽量化で共に高い目標に向かって粘り強く燃費向上に取り組んだ結果 35.5 km/L である．ワンモーションスタイルの 5 ドアハッチバックへと，ボディー形状が大きく変更されている．目標月間販売台数は 3,000 台で，これは，1代目の販売実績の 3 倍であった．

3.2.3　3代目プリウス（2009〜2015）

2009 年 5 月に発売したトライアングルシルエットのデザインで，ボデーサイズは若干大きくなり，システムを一新したほか，エンジンを 1.8 L 拡大し，モーターも強化することで，高速走行時の燃費向上を図った．電動式冷却水ポンプ，排気熱再循環式ヒーターシステムを採用し，燃費向上対策により，10・15 モードで 38.0 km/L を達成した．

圧倒的な環境性能と走る楽しさのより高いレベルでの両立を目指し，1.8 L ガソリンエンジンにモーターを組み合わせたハイブリッドシステムを搭載した．また，車両全体でのエネルギー効率の向上との相乗効果により，世界トップとなる燃費性能 38.0 km/L である．

3.2.4　4代目プリウス（2015〜）

　4代目はトライアングルシルエットを継承しながらも，重心を下げてアグレッシブなデザインにチェンジし，40.8 km/Lの燃費を達成しながらも走りの良さも追求した（図11）。

　人の感覚に美しく訴えかける車で，エクステリアは，大幅な低重心化を実現し，さらにトライアングルシルエットの進化で世界トップレベルの空気抵抗係数0.24を実現した。

　予防安全性能を高めるとともに，最新の衝突安全ボディーの採用により衝突安全性能も向上させている。家庭用と同じコンセントを車内2カ所に設置し，パソコンなどの電気製品に対応し，走行中に使用でき，停電などの非常時にも活用できる非常時給電システムを新設している。

　吸気ポート変更によるタンブル比の向上と，排出ガス再循環の流入量アップによる燃焼改善などにより，燃焼効率が大きく進化し，ガソリンエンジン世界トップレベルの最大熱効率40%を実現するなど，燃費性能を飛躍的に高めている。

4　電気自動車の登場

　現在，世界では図11のようにガソリンやディーゼル車から電気自動車に移行するEVシフトが加速している。2020年には200万台，2030年には400万台，3035年には630万台と予想している。

　電気自動車へのシフトは，ヨーロッパの各地に広がりを見せており，2017年に入って，イギリスやフランスもガソリン車やディーゼル車の販売禁止を打ち出

図11　4代目プリウス

した。フォルクスワーゲンは2017年9月，2兆6,000億円を投じ，電気自動車の開発を進める，BMWは，電気自動車を年間10万台量産する体制を確立した。

　ノルウェーでは，国が電気自動車の普及に向けてさまざまな優遇策を打ち出し，購入する際に25%の消費税と通常100万円以上かかる購入税を免除している。さらに，高速道路は無料，バスの専用レーンを走ることも特別に認め，新車販売の20%割近くを電気自動車が占めている。

　世界最大の自動車市場の中国はハイブリッド車を一気に飛び越え，国を挙げてEVシフトに突き進んでいる。ねらいは，世界トップクラスの自動車産業を築くことで，電気自動車に補助金など，さまざまな優遇措置を導入し，普及拡大を後押ししている。2025年までにすべての車を電気自動車に切り替えることを掲げたのは，温暖化への強い危機感である。

　中国はガソリン車では技術的に太刀打ちできない欧米や日本に電気自動車でなら逆転も可能だと見ており，政府が立てた長期計画は自動車強国で，30年後には日本やドイツをもしのぎ，世界トップの座に躍り出ることを目標としている。国を挙げたEVシフトのシンボルともいえる企業は深セン市にある電気自動車メーカーのBYDである。従業員数は，22万人，乗用車からタクシーまで豊富な車種をそろえ電気自動車の販売台数は，中国国内でトップである。

　BYDは1995年，携帯電話の電池を作る社員20人のベンチャー企業として始まり，公共交通機関の電動化を進める政策に沿って，地元・深セン市でバスのほとんどを生産している。さらに，国の補助金を背景に，高性能な電池の開発にも成功し，1回の充電で走れる距離を400kmにまで伸ばした。BYDでは，電気自動車の普及を見据えて100台の電気自動車が一度に充電できる充電タワーを建設中である。

　ヨーロッパや中国が表1のように電気自動車にかじを切る中で，日本の自動車メーカーの対応は，積極的なのは日産で，既に7年前から販売している。2022年までにグループ全体で12車種を販売する予定である。トヨタはハイブリッド車に力を入れてきたが，マツダなどと新会社を設立し，電気自動車の開発を進めると発表した。

　ホンダはこれまで電気自動車を販売していないが，電気自動車の生産技術を確立するため，生産体制を見直すことを発表した。ブルームバーグ・ニュー・エナジー・ファイナンスの推定では，2040年までに世界で5億3,000万台の電気自動

表1　ガソリン，軽油自動車の政府動向
（引用：大場紀章作成）

ガソリン・ディーゼル車販売規制に向けた政府の動向

	政府	検討年	政策目標年	HV	PHV	EV	備考
法制化	カリフォルニア州	1990年～	2025年	△	6%準ZEV	16%ZEV	大手メーカーの年間販売の比率に規制 2040-50年にZEV100%の目標
	中国	2009年	2020年	△		12%	販売のEV比率を、18年に8%、19年に10%、20年に12%とする計画
	ノルウェー	2016年	2025年	x		100%（目標）	規制ではなくインセンティブで行う
	オランダ	2016年	2025年	x	x	100%	2016年4月 法案提出→下院を通過
	ドイツ	2016年	2030年	○?	○?	○	2016年 上院が決議案を決議 2017年 メルケル首相「2正面作戦で」 イザベラ大臣がドイツの決議案を歓迎し EU全体でやるべきと表明
	スウェーデン	2016年	2030年	?	?	○	エネルギー大臣の発表 →撤回
	インド	2017年	2030年	x		○	エネルギー大臣の発表 →撤回
	フランス	2017年	2040年	○?	○	○	環境大臣の発表
	英国	2017年	2040年	?	○	○	環境大臣の発表
	インドネシア	2017年	2040年	x?	?	?	「化石燃料を動力源とする自動車および 二輪車を禁止」大統領令の検討中

表2　国別の電気自動車への想い
（引用：大場紀章作成）

同床異夢のEVシフト

CO2	フランス、ノルウェーなど 原子力や水力などゼロエミッション電力が中心で EVの有効性が高い
大気汚染	英、仏、中、印、米カリフォルニア州など 都市部の大気汚染問題（特にNOx）が政治問題
HV対抗（HV：ハイブリッド車）	欧州・中国の自動車メーカーや政府など HVの対抗軸だったディーゼル車がVWの不正で減速 ハイブリッド技術に対する競争力をEV政策でカバー
脱石油	中国、フランスなど多くの国 将来の石油供給に対するエネルギー安全保障上の懸念 自動車産業の国際競争力が弱く、石油自給率の低下が深刻

車が使用される見通しである。

　表2のように普及の目的は国によってかなり差があり，フランス，ノルウェーでは二酸化炭素削減，英国，米国では大気汚染防止，中国はハイブリッド車への対抗，脱石油である構図である。

　気候変動を抑えるため，図12の炭化水素の燃焼を動力とする自動車を道路から排除することが注目され，全世界の自動車メーカーと各国政府は電気自動車に大きく舵を切っている。2024年にはガソリン車の販売量が「0」と予想している。

　国際エネルギー機関（IEA）による2017年6月の発表によれば，2016年の電気自動車の世界累計販売台数は，プラグイン・ハイブリッド車との合計で約200万台に達している。全世界の販売台数の約1%であったが，自動車の価格が急速に値下がりしており，特に電池部位の高機能化で価格低減が進んでいる。

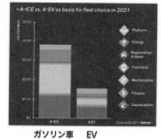

図 12　ガソリン自動車の終焉
（引用：スタンフォード大学）

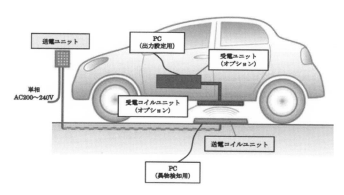

図 13　電気自動車のイメージ
（引用：日産のホームページ）

4.1　電気自動車の構造

　図 13 の電気自動車の仕組みは，リチウム電池と電動モーターと車を駆動させる設備で非常に簡単である。ガソリン自動車と異なり，ガソリンをエンジンで燃焼・爆発させないため，走行中とても静かで，また，エンジン・ルームが不要になりスペース効率を上げられるため，デザインやパッケージの自由度も高く，走行安定性や加速力が向上している。

4.2 各社の電気自動車の状況

世界の電気自動車の開発状況を述べる。

4.2.1 テスラモーターズ社

2016年4月に発表されたセダンは5人乗りで最高速は約209 km/h，1回充電の航続は約354 km，価格は約390万円である。

・ロードスター（2020年）

ロードスター（図14）は4人乗りとなり，頭上のガラスルーフを脱着するタルガトップを採用している。2020年に生産開始予定で，最高速400 km/h以上，1回の充電でおよそ1,000 kmの航続が可能で，価格は約2,000万円である。

・モデルY（2019年）

モデル3の車台をベースにしたコンパクトSUVで，3列シートで最大7名が乗車できる。2020年内に生産開始予定で，最高速は193 km/h，1回の充電での航続は，約370 km，価格は約400万円である。

4.2.2 日産

2000年，日産はカルロス・ゴーンが社長に就任し，再建計画であるリバイバルプラン推進の真っ最中で，ハイブリッド市場の未来が不透明な時期だったが，早い時点から電気自動車に積極的であった。

日産は電気自動車に適していると言われるリチウムイオンバッテリー開発をソニーと共同で早くから取り組み，NEC とともにバッテリー生産会社を設立し，電気自動車の図15のリーフは早期開発・導入に結びつけた。短い航続距離と充電設備といったインフラの未整備などの大きな課題を改善し，日常生活で困らない程度の電気自動車を販売している。

図14　テスラ・ロードスター（2020）

図 15　電気自動車のリーフ
（引用：日産のホームページ）

　2015 年に起こったフォルクスワーゲンのディーゼル排ガス偽装問題や，フランスとイギリスが「2040 年にエンジン車販売を禁止すると表明したことも追い風になり，電気自動車普及に向けた流れがより加速し，日産の電気自動車事業はますます注目されるようになった。

　電気自動車の普及にともなう課題は多く，バッテリーのリサイクルについて，日産は早い段階で専門会社 4R エナジーを立ち上げた。リーフ発売によって電気自動車が普及した場合，中古バッテリーの処理を問題視し，リーフ発売前に 4R エナジー社設立した。

　電気自動車としての使用寿命がきたリチウムイオンバッテリーも，バッテリー最大容量の約 7 割まで蓄電できるため，定置型蓄電池などの商品としては十分使用できる。そのため，単に廃棄するのではなく，4R エナジー社が再製品化し販売するのである。4R エナジー社は福島県浪江町にバッテリーの再製品化工場を立ち上げた。ここでは使用済みになったリーフのバッテリーを再製品化する。

　日産は，2011 年の東日本大震災を受け，電気自動車から家庭へ電気を供給するリーフ・トゥ・ホームを翌 2012 年に実用化し，一般向けに販売開始した。日産は世界にさきがけて実用的な電気自動車を市販したことで，数々の知見を得るとともに，エンジン車では実現できないような社会基盤としての役割にまで視野を広げている。2020 年 2 月に日産は運転支援技術や駐車操作の自動制御を進化させ，ドライバーが運転しているような自然な運転感覚を実現したリーフを全国一斉に発売している。

リーフをこれまで購入した世界32万人の顧客から，現実的な情報を入手しているのは相当な強みである。電気自動車の研究・開発において日産は間違いなく優位にある。販売された32万台のバッテリー事故がゼロの実績も，今後の電気自動車開発に大きく貢献する。

4.2.3　三菱自動車

三菱自動車は2009年，世界初の量産電気自動車のアイミーブを発売し，国内の電気自動車市場をほぼ独占してきた。三菱自と日産，仏ルノー3社は，22年までにグループで計12車種の電気自動車の販売を発表し，軽の新型電気自動車の2車種を投入することが決定した。

4.2.4　ソニー

ソニーは2020年1月電気自動車のVISION-Sを発表した。VISION-Sは，車内外に33種類のセンサーと複数のワイドスクリーン，360度のオーディオ，ネットワークへの常時接続機能などを搭載している。安全に加え，モビリティの進化，車のエンタテインメントスペース化に関わっており，VISION-Sはモビリティの未来へのわれわれの貢献を体現できる車であると発表している。

4.3　自動車燃料は電気

電気自動車の燃料は電気であり，電気を貯めておく電池が電気自動車の肝である。現在の肝はリチウムイオン電池である。リチウム（Li）は，原子番号3番，アルカリ金属類に属する元素であり，銀白色のやわらかい金属で，ナイフで切ることもでき，また金属類の中で最も比重が軽い金属である。

4.3.1　電池の構造

・リチウムイオン電池の開発

1980年，オックスフォード大学のジョン・グッドイナフらが開発したリチウム遷移金属酸化物がリチウムイオン電池の正極の起源である。

1985年，吉野彰らは炭素材料を負極とし，リチウムを含有するコバルト酸リチウムを正極とする新しいリチウムイオン二次電池を確立した。

1991年，ソニーは世界で初めてリチウムイオン電池を商品化し，1994年に三洋電機により黒鉛炭素質を負極材料とするリチウムイオン電池が商品化された。

2009年，ソニーはリン酸鉄リチウムイオン電池を商品化し，リチウムイオン電池は自動車用としても普及が進んでおり，2009年頃から本格的にハイブリッ

ドカーに利用され始めた。ホンダ・フィットハイブリッドやトヨタ・プリウスなどにも採用されている。

　2017 年 9 月に村田製作所はソニーから電池事業を継承し，産業用の蓄電池事業展開を本格化させ，ソニーはリチウムイオン電池を世界で初めて商品化し，蓄積してきたノウハウが，村田製作所に引き継がれた。

　ノーベル化学賞受賞吉野彰博士は，1948 年生まれで，電気化学の専門家である。携帯電話やパソコンなどに用いられるリチウムイオン二次電池の発明者の一人で 2019 年 12 月，ノーベル化学賞受賞を授賞した。吉野博士は負極材料として黒鉛の代わりに線状炭素系材料のポリアセチレンに注目した。そしてポリアセチレンを負極，$LiCoO_2$ を正極に用いることで新型二次電池ができることを考え付き，ガラス製の試験管内に封入した試験管セルが原理的に二次電池として作動することを見出した。

　図 16 に市販されているリチウムイオン電池の構造と電極構造を示した。LIB の正極と負極のシートがセパレータを介して捲回積層された電極コイルが電池缶に挿入され，非水系電解液を注入した後，密閉封口されている。正極集電体には 15 μm 前後のアルミ箔が，負極集電体には 10 μm 前後の銅箔が用いられている。

　セパレータは厚さ 20〜30 μm のポリエチレン系の微多孔膜を用いて，電池が異常発熱した場合にセパレータが溶融し微細孔が塞がり，電池機能を停止させるヒューズ機能を発揮させるという電池の安全性を確保するための重要な発明で

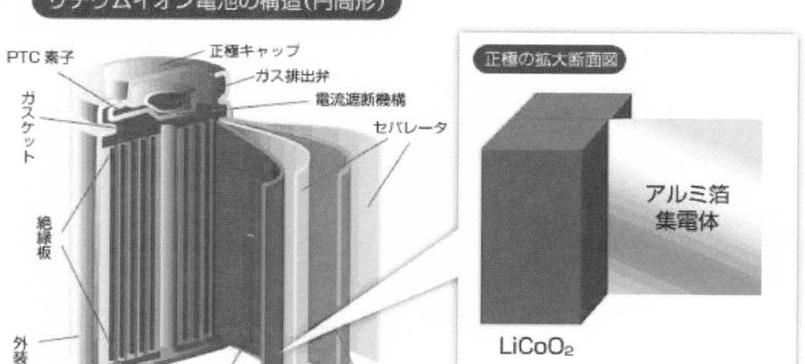

図 16　リチウム電池の構造
（引用：電池工業会）

あった。

リチウムイオン電池は 1990 年代初めに実用化され，現在では携帯電話やノートパソコン，デジタルカメラ・ビデオ，携帯用音楽プレイヤーを初め幅広い電子・電気機器に搭載され，LIB 市場は 1 兆円規模に成長した。リチウム電池の誕生により，電気のないところでは使えなかった IT 機器が使用できるようになり，どんな場所からも迅速で正確な情報伝達と通信が可能となり IT 化社会の実現に大きく貢献している。

• リチウムの埋蔵量

リチウムは地球上に広く分布しているが，反応性が非常に高く，空気中でも窒素と容易に反応して窒化リチウム（LiN_3）ができるので，単体としては存在しない。海水には多くのリチウムが含まれ，総量で 2300 億トンと推定されている。地上ではペタル石，リチア雲母，リチア輝石，ヘクトライト粘土などに含まれる形で存在し，水分蒸発量の多い塩湖などにおいて長い時間をかけて凝縮され，鉱床として存在している。

鏡面のように美しい湖面で有名なボリビアのウユニ塩湖には，全世界の鉱石リチウム埋蔵量の約半分にあたる約 540 万トンが埋蔵されていると推定されており，ついで約 300 万トンがチリのアタカマ塩湖に埋蔵されている。国別ではチリ，ボリビア，オーストラリア，アルゼンチン，中国などに多く埋蔵されている。

• リチウムイオン電池の特徴

リチウムイオン電池は，化学的な反応（酸化・還元反応）を利用して直流の電力を生み出す発電装置である。図 17 の正極と負極の間でリチウムイオンが行き来し充電と放電が可能で，繰り返し使用することができる。

リチウムイオン電池は図 18 のように，ほかの電池に比べてエネルギー密度が高いので小型で軽量のバッテリーを作ることができる。重量エネルギー密度ではリチウム電池が優位である。

表 3 のように電池の電圧が高ければ，小型で大きな出力を得やすくなり，また充電の際も大きな電流を受け入れて短時間で充電できる。

• リチウム電池の製造企業

リチウムイオン電池は，日本メーカーのシェアが 90％以上を占めた時代は三洋電機，三洋 GS ソフトエナジー，ソニー，パナソニック エナジー社，日立マクセル，NEC トーキンなどが主なメーカーとして知られていた。世界市場シェ

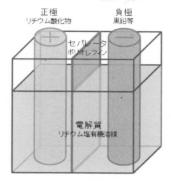

図 17　リチウムイオン電池の構造
（引用：電池工業会）

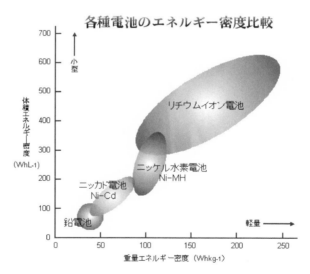

図 18　各種電池のエネルギー密度
（引用：電池工業会）

アはパナソニック 26%，韓国サムスン 20%，韓国 LG14%，ソニー11%，中国
BYD6%，その他 23% となっているが，2013 年では，サムスンがトップ，国別
でも韓国が一位であった。

表3　各種電池の電圧
（引用：電池工業会）

	公称電圧（V）	出力対重量比（W/kg）
鉛電池	2.1	180
ニッカド電池	1.2	150
ニッケル水素電池	1.2	250〜1000
リチウムイオン電池	3.2〜3.7	1400〜3000

世界市場規模は，2015 年実績では約 3 兆円で，用途の内訳は，消費者用 52%，車載用 25%，産業用 23% である。消費者用スマホ・タブレット・パソコンなどの電気製品と電気自動車とハイブリット車などに搭載される。

現在，車載用リチウムイオン電池の世界シェアの世界 1 位はパナソニックでシェア 40% を占める。これは電気自動車で唯一，成功している米テスラモーターズのモデル S とモデル X で使用されているためである。

世界 2 位は中国 BYD が 14%. 中国政府の進める公共バスを電気自動車にする政策で 2014 年の 7% から 2015 年の 14% とシェアを大幅に伸ばした。今後も中国政府の後押しでシェアを伸ばすことが予想されている。

世界 3 位は韓国 LG Chem が 13%，世界各国の電気自動車，プラグインハイブリット PHV，プラグイン・ハイブリッド電気自動車 PH 電気自動車がメインで堅調に推移している。

パナソニックが現時点で圧勝しているかのように見えるが電気自動車の市場はこれから立ち上がる段階に過ぎない。今後，競争は熾烈を極まる。

2024 年のリチウムイオン電池の世界市場予測は 8 兆円を超える見通で，2015 年からの平均成長率は 15%/年程度を見込む。これは電気自動車の市場が順調に立ち上がることに加え，従来の車載用バッテリーが鉛蓄電池からリチウムイオン電池に置き換わっていくと想定されている。

4.3.2　日本の電気ステーションの設置状況

電気自動車への充電スタンドは図 19 のように 2018 年では日本で約 7,000 カ所，設置場所はガソリンスタンド，コンビニ，商業施設で増加傾向にある。電源は 3 相 200 V を使い数分で充電が可能である。

• 日本の電力供給体制

発電の主力は火力発電で，近年の原油高によって温室効果ガスの排出量が最も

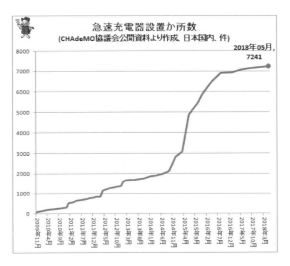

図 19　充電ステーションの推移
（引用：CHAdeMO 資料）

多い石炭への依存度は高くなっており，地球温暖化対策の足かせになっている。自然エネルギーに比べて出力調整が容易であるため，昼夜間の電力需給調整に欠かせない存在である。現在，日本における発電量の約 70% を火力発電が担っている。

　日本は発電用燃料の大部分を輸入に依存している。2017 年の世界の一次エネルギー比率の石油は 34.2%，石炭 27.6%，天然ガスは 23.6% であり，今後の主役はシェールガス（天然ガス）である。

　シェールガスは 21 世紀初頭までは誰も予想していなかったエネルギーである。シェールガスは図 20 の頁岩層から採取される天然ガスで，従来のガス田ではない比較的浅い場所から生産されることから，非在来型天然ガス資源と呼ばれる。

　米国では 1990 年代から新しい天然ガス資源として重要視されるようになり，カナダ，ヨーロッパ，アジア，オーストラリアのシェールガス資源も注目され，2020 年までに北米の天然ガス生産量のおよそ半分はシェールガスになると予想されている。さらにはシェールガス開発により世界のエネルギー供給量が大きく拡大すると予想されている

　21 世紀になって，頁岩内のシェールガスを生産する方法として，頁岩層に沿っ

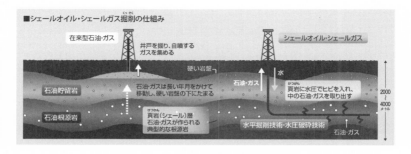

図20　シェールガス掘削
（引用：（独）石油天然ガス・金属鉱物資源機構）

て井戸を掘る水平掘削および人工的に割れ目を作る水圧破砕，この2つの技術にITが融合してモンスター化した技術が開発された。この技術で頁岩からシェールガスを廉価で多量に地上に取り出せることが可能となった。シェールガスはこの新掘削技術の開発で可能となった。

• **日本のシェールガスの現状**

2017年1月の米国産シェールガスの日本への輸入量は約21万トンである。内訳は中部電力上越火力発電所（新潟県），東京電力ホールディングス富津火力発電所（千葉県），関西電力堺LNG基地（大阪府）の3カ所にそれぞれ約7万トンである。いずれも米国のシェニエール・エナジー社がルイジアナ州に持つシェールガス工場で生産されたものである。貿易統計で明らかになった価格は表4のとおりである。米国産は1月に日本に到着したほかのLNGの平均より6～7割高となっている。

ここ数年の原油価格の低迷により東南アジアや豪州産のLNG価格は下がり，米国産の方が高いと予想されていたが，いざ輸入が始まると，コスト低減どころか，押し上げ要因になっている。この事態を招いた原因が原油の価格リンクだとすれば，いずれ上昇に転じることになる。しかしながら，原油価格に縛られない価格決定方式や，自由に荷揚げ地を選べる米国産シェールガスの魅力は目前の価格だけに一喜一憂する必要はない。

• **SPEに日本企業が出展**

米国石油技術者協会（SPE）は，2014年オランダ会議は年次総会，技術発表および展示会で構成されている。技術発表は，掘削の技術，掘削用の薬剤，掘削

表4　シェールガス輸入価格

**2017年1月に日本に
到着した米国産LNG**

場　所		量 （万トン）	価格 （円/トン）
6日	中部電力上越火力発電所	7	75,842
13日	東京電力HD富津火力発電所	6.9	75,859
22日	関西電力堺LNG基地	7.2	73,709
1月の全国平均			44,951

（出所）貿易統計をもとに日経作成

の経済評価方法などが主要テーマである。発表時間は，11月27日は9会場で54件の発表が行われ，同日にポスター発表も別途会場で20件あった。28日は14会場で84件の発表が行われ，ポスター発表も36件あった。最終日の29日は18会場で108件の発表があり，ポスター発表も29件あった。世界の企業および大学などから掘削関連の最近の技術が発表されて，質疑応答も活発に行われていた。

　また，展示会は世界から掘削会社，石油会社，大学，商社などで約350団体が参加していた。シェルンブルジュ，ハイバートン，ベーカーヒュズなどが場所を広くとり，景品や飲み物を取りそろえ，観衆を集めていた。大型スクリーンでの画面やDVDの上映が目に付き，特に油層掘削シミュレーションの紹介では，3次元画像で，時間経過と共に，油層の変化が視覚的に適切にとらえられる画面が流れていた。日本企業としては図19のIHテクノロジー㈱のシェールガスの水銀処理装置を紹介していた。

5　将来のCASE自動車

　2016年のパリモーターショーでダイムラーのディーター・ツェッチェ氏が発表した自動車の未来を表す言葉の図22のCASEは，「Connected：コネクティッド化」「Autonomous：自動運転化」「Shared：シェア化」「Electric：電動化」の

図 21　展示ブースの様子

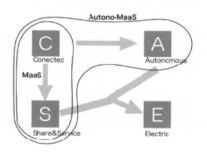

図 22　CASE のイメージ
（引用：大場紀章作成）

4つの頭文字の総合造語である。自動車メーカーから移動提供会社へ変わるという方向性を具体化したもので，自動車を製造・販売する会社から，自動車を移動するための手段としてサービスを提供する会社に変わるという意味である。まるで夢のような自動車社会である。

　自動車が物を運ぶだけでなく，人を移動させることに留まらず，移送体が休憩のできるソファーとなれば，各種の情報や娯楽も提供できるなど，社会の価値を進化させることもできる。さらに災害時には，動線確保，誘導，搬送といった救急，避難サポートも行なうことができる。自動運転により，人は運転から解放さ

図 23　CASE 自動車の誕生
（引用：国家戦略特区諮問会議の資料）

れる。走りを高め楽しさを満喫できる。

　日本ではホンダが制作した ASIMO などの二足歩行型のロボットが開発され，ロボットが活躍する AI 時代が現実となっている。これからは，ロボットと人類が仲良く共生する時代となる。日本ではロボットの活躍する未来都市のスーパーシティが検討されており，社会のあり方を根本から変えるような都市設計の動きが国際的に急速に進展している。2030 年頃に実現される図 23 のスーパーシティ構想では，物流は自動配送，ドローン配達など，エネルギー・環境ではスマートシステムの活用など，防災：緊急時の自立エネルギー供給，防災システムなど，防犯・安全：ロボット監視などが構築される。

　自動車業界は 100 年に 1 度の大変革期と言われている。自動車のグローバルで生産台数はゆるやかに増加する予測が出ており，その数は 2022 年で約 1 億 300 万台程度である。ただし，その内容は従来とは異なる波の影響を受けており，自動車の技術と利用環境の変化が大きな節目を迎えている。ここで CASE の意味を探ってみよう。

5. 1　コネクティッド（Connected）

　コネクティッドとは，自動車がインターネットに常時接続した状態で，自動車

から直接スマートフォンなどの情報機器を通じて接続して，走行のデータ，搭乗者のデータをリアルタイムで収集，フィードバックできることから自動車の活用に多大に影響する。

車がインターネットに常時つながると，自動緊急通報システム，走行距離・速度・急発進・急ブレーキなどで活用，オーディオ・ビデオなどを活用した車内エンターテイメントである車載インフォテインメントの普及，走行管理，車両管理，それらに付随する安全管理，走行データ収集・解析での自動運転への活用，目的地に関する情報取得などが期待できる。

家電などのさまざまな作業が，インターネットの機能を有する自動運転車との相互接続も可能である。スマートフォンは持っていても車は持っていないという層に対して，IT 化した車は親和性が高く，訴求効果も高いものである。

自動車が今どこにあり，どこで利用できるかという情報をリアルタイムで共有化すると，自動車の利便性が高くなる。

5.2　自動運転（Autonomous）

自動運転により，安全性向上による事故の軽減や運転負担の軽減，交通渋滞の軽減などが先進諸国で進む少子高齢化に伴い，高い需要が期待される技術である。

現状では，図24の自動運転レベルのうち，レベル 2 まで到達している自動車があり，各社，レベル 3 の実用化に向けて開発を急ピッチで進めている。自動運転にはレベルが 5 段階で設けられている。

日本政府は 2020 年にレベル 5 の完全運転自動化を目標として掲げ進めている。

自動運転技術の開発はここ数年で急加速しており，エンジンではなくモーター主体の新しい自動車メーカーの参入もあり，今後競争が激しくなっている。

5.3　シェアリング（Shared）

自動車を個人が持つのではなく，複数で違う時間に必要なときに使用できる時代であり，複数で同じ時間に同じ車を同時に使用する。特徴は表 5 の内容である。日本でもカーシェアリングは会員が 2017 年で 100 万人を突破し，2018 年には120 万人前後を超えた市場となっている。世界のカーシェア利用者は現在 1,000万人を超え，2021 年時点で 3,500 万人を突破する見込みが出されている。車を所

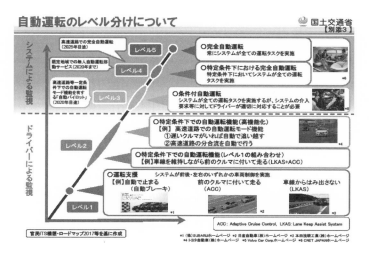

図 24 の自動運転レベル
(引用：国土省のホームページ)

表 5　シェアリングの特徴

特徴 1：短時間でも利用できる
特徴 2：利用料金が安い
特徴 3：ガソリン代や保険料が無料
特徴 4：ステーションが利用しやすい
特徴 5：24 時間利用できる

有するから車を利用する時代である。

　日本での市場規模は 2015 年で約 200 億円，2020 年で約 300 億円との予測も出されている。2017 年でカーシェアされている台数は 25 万台を超え，貸し借りを行うステーションの数も 15,000 箇所を超えている。

5.4　電動化（Electric）

　欧州，中国，米国で電動化した新車販売の加速が進んでいる。自動車の電動化は，環境問題で急速に広がってきており，ヨーロッパを起点にガソリン車，ディーゼル車の販売を規制している。地球温暖化，排ガスや二酸化炭素をはじめとする環境問題への有効な切り札である。

　ヨーロッパのいくつかの国ではすでにエンジン車は今後販売できなくなり，近い将来には買うことができなくなるため，製造もされなくなる見通しである。中国もこれに追随する動きを見せており，電気自動車化の流れは加速している。

　電動化の未来自動車の候補としては燃料電池自動車の普及も目が離せない。2002年12月にトヨタ自動車がトヨタ・FCHVを，本田技研工業（ホンダ）がホンダ・FCXをリース販売した。トヨタは2014年12月に日本国内でセダンタイプの図25のトヨタ・MIRAIを発売している。3分充填で航続距離は650 km走行し，事前受注は日本だけで400台を超えている。2016年3月にホンダがホンダ・クラリティ フューエル セルを発売した。3分充填で航続距離は750 kmを走行する。ホンダは高圧の70 MPaの圧縮水素タンクを採用し，トヨタ・MIRAIと共通化を果しており，水素ステーションの設備の共通化を図る取り組みとなっている。

　自動車メーカー間で燃料電池自動車に対する開発の技術提携の動きも盛んである。2011年9月にルノー・日産自動車アライアンスとダイムラーが燃料電池自動車開発分野での共同開発に合意，2013年1月にトヨタとBMWが提携，同月にルノー・日産アライアンスとダイムラーの提携にフォードが加入して拡大し，7月にホンダとゼネラルモーターズが提携している。

　2015年2月，トヨタは水素社会の実現に向けて約5,700件の燃料電池車に関する特許を無料で公開した。

　2020年予定だった東京オリンピック・パラリンピック選手村では水素ステー

図25　トヨタ・MIRAI
（引用：トヨタのホームページ）

ション，パイプラインも整備し街区に水素を供給，災害時のエネルギー自立を図る実証実験が行われている。実験では水素ステーションを設置して，燃料電池自動車や燃料電池バスへだけでなく，パイプラインを使い国内初となる街区への水素供給も実施し，燃料電池で商業棟のほか住宅棟の共用部で使う電気を供給する。

　燃料電池自動車普及台数は，2020年で6,000台，2025年で10万台，2030年で20万台を目標としている。

　燃料電池自動車が最も優位性を発揮できるのは大型車両の分野である。現在トラックやバスで主流となっているディーゼル車は，多量の温室効果ガスを排出し，電気自動車は重量物を長距離輸送するには大容量の蓄電池が必要となり，蓄電池自体の重量や体積，コスト面で課題がある。これらの課題を大型燃料電池自動車は克服できると期待されている。

　2016年12月，米国のニコラモーター社は燃料電池で駆動するセミトラック（トレーラーの先頭車＝牽引車），300kWの燃料電池を搭載し，最高出力1,000馬力，航続距離は最大約1,900kmで，販売開始時期は2020年と発表されている。米国の水素ステーションは，現在，40カ所程度で2020年頃までに364カ所，その後2028年までに合計700カ所の水素ステーションを設置する計画している。

　以上のようにCASEは，自動車における4つの技術・社会的な変化を示すキーワードで，それぞれが別個に完全に独立しているわけではなく，深く連動しあって進んでいる。

第6章　コロナ禍と地球環境のグリーンリカバリー

　地球の環境危機を鋭く描いた『不都合な真実』の映画は 2006 年に公開された。アメリカ元副大統領でノーベル平和賞受賞者アル・ゴア氏が地球温暖化を喧伝する映像に，彼の生い立ちを辿る映像を交える構成のドキュメンタリー映画である。映像では過去の気象データや温暖化により変化した自然の光景を用い，環境問題を直視しない政府の姿勢を批判し，自然環境を意識しつつ日常を生活する重要さを訴えている。

　西南極とグリーンランド氷床の融解により，近い将来海水準が最大 6 m 上昇する可能性があるとのゴア氏の主張をこれは明らかに人騒がせで，グリーンランド氷床の融解では相当量の水が放出されるが，それは 1,000 年以上先である。

1　地球の誕生

　138 億年前，宇宙誕生のきっかけとなる図 1 のビッグバンが起こり，その後，宇宙は拡大を続け，地球が誕生したのは今から約 46 億年前である。最初の生命

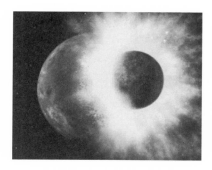

図 1　ジャイアント・インパクトの想像画
（引用：NASA）

が誕生したのは約38億年前の海中で，地上には強い紫外線が降り注ぎ，火山活動は活発で，陸上は生物が生存するには厳しい環境であった。生物はアミノ酸，核酸塩基，糖などの有機物で，これらは原始大気中の二酸化炭素や窒素，水などの無機物に雷の放電，紫外線などのエネルギーが加えられて作られた。

この時代の生物は全て単細胞であり，海中を漂う有機物を利用し，酸素を使わずに生息し，約35億年前に藍藻植物が光合成によって二酸化炭素と水からブドウ糖などの有機物を作り出した。藍藻植物が酸素を作るようになると，酸素を呼吸する微生物も誕生し，15億年前に核をもった生物が現れた。

陸上で生物が生活するには，紫外線が大きな障壁となっていたが，この問題を解決したのがオゾン層で，藻類の活発な光合成により大気中の酸素量が増えていくと，紫外線の作用を受けて酸素からオゾンが生成された。高度約20～50 kmの領域でオゾン層が形成され，生物にとって有害な紫外線は吸収されるようになった。

こうして生物が地上でも安全に生活できる地球の環境が作られた。陸上は光合成に必要な光があふれていることから植物は進化し，陸生植物は約5億年前に出現し，体をしっかり支えるために根や茎，葉が発達し，海の浅瀬から低地の沼へと徐々にその生息地域を拡大していった。

約5億年前カンブリア爆発と呼ばれる生物の多様化が起こり，突如として図2の脊椎動物をはじめとする今日見られる動物が出そろった。1億年前は恐竜の全盛時代で，その後，約1000万年前にヒト属とゴリラ属に分岐したと推定され，約700万年前に今度は，ヒト属とチンパンジー属に分岐したと推定され，猿人が

図2　恐竜の誕生
（引用：福井県立恐竜博物館）

出現し，直立二足歩行が開始された。この時点で現在の地球の環境と人類の活動が確立した。

2　人類は環境異変を意識

環境異変で 20 世紀に使用された言葉として公害がある。公害とは経済合理性の追求を目的とした社会・経済活動によって，環境が破壊されることにより生じる社会的災害であり，日本では，大気汚染，水質汚濁，土壌汚染，騒音，振動，悪臭，地盤沈下が発生した。

20 世紀に入ってから，世界的に大気汚染の研究が活発になり，1950 年ブルックスがドイツの都市気候の中での大気汚染を発表し工業地域や都市での石炭の消費と大気汚染や煤塵の関係を発表した。1959 年マンが大気汚染と都市計画について発表し，1962 年ウェインライトがロンドンにおける公園とその周囲の大気汚染を発表している。

2.1　日本の環境異変

日本では，特に高度経済成長期，1950 年代後半から 1970 年代に，公害により住民へ大きな被害が発生した。このうち被害の大きいものを四大公害病という。

・水俣病

1956 年頃からの熊本県水俣湾で発生し，有機水銀による水質汚染や底質汚染を原因とし，魚類の食物連鎖を通じて人の健康被害が生じた。世界的に注目される環境問題となった。国連環境計画（UNEP）は，2001 年に地球規模の水銀汚染に係る活動を開始し，翌 2002 年には，人への影響や汚染実態をまとめた報告書を公表した。

その後，2009 年 2 月に開催された第 25 回 UNEP 管理理事会では，水銀によるリスク削減のための法的拘束力のある条約の制定を目指すことが合意された。

・新潟水俣病

1964 年頃から新潟県阿賀野川流域で発生し，有機水銀による水質汚染や底質汚染を原因とし，魚類の食物連鎖を通じて人の健康被害が生じた。

- 四日市ぜんそく

1960 年頃から 1972 年頃までの高度経済成長期に三重県四日市市で発生し，亜硫酸ガスによる大気汚染が発生した。

- イタイイタイ病

1910 年頃から 1970 頃まで富山県神通川流域でカドミウムによる水質汚染を原因として，米などを通じて人々の骨に対し被害を及ぼした。

1962 年のばい煙規制法は，石炭の燃焼による煤塵の規制は効果を発揮した。石油に移行すると，硫黄酸化物の排出量が増加したので，1968 年にばい煙規制法を根本的に見直し，制定された。しかし，この大気汚染防止法においても大気汚染の改善は見られず，深刻な公害問題に発展した。

1970 年に公害問題の早急な改善と汚染の防止を徹底するため，公害関係法令の抜本的整備が行われた。この改正での主な特徴は，都道府県による上乗せ規制を設けられるようになったこと，違反に対して直罰を科せることで，地方自治体の権限を強化し，国の制度の整備に先駆けて地方自治体が行っていた公害対策に効果的な役割を果たすことになった。

1972 年には，大気汚染防止法および水質汚濁防止法に無過失責任にもとづく損害賠償の規定が導入された。

2004 年には，浮遊粒子状物質及び光化学オキシダントによる大気汚染の防止を図るため，揮発性有機化合物を規制するための改正が行われた。

2015 年には，水銀等の排出規制に関する改正が行われた。環境対策は一機に進んだ。日本を含めて世界的に，公害は人類の英知で大きな代償を払いながら解決してきた。

3　京都大会（COP3）

1997 年 12 月に京都市で第 3 回気候変動枠組条約締約国会議（COP3）が開催された。

3.1　大会の概要

第 3 回気候変動枠組条約締約国会議で世界の環境対策の基本となる京都議定書は採択された。地球温暖化の原因となる，温室効果ガスの二酸化炭素（CO_2），

メタン（CH_4），亜酸化窒素（N_2O），ハイドロフルオロカーボン類（HFCs），パーフルオロカーボン類（PFCs），六フッ化硫黄（SF_6）について，先進国における削減率を，1990年を基準として各国別に定め，共同で約束期間内に目標値を達成することが定められた。日本は6％削減に合意した。

議定書で設定された各国の温室効果ガス6種の削減目標について，京都議定書では，2008年から2012年までの期間中に，先進国全体の温室効果ガス6種の合計排出量を1990年に比べて少なくとも5％削減することを目的と定め，各締約国が二酸化炭素とそれに換算した他5種以下の排出量について，割当量を超えないよう削減することが求められる。

2004年にロシア連邦が批准したことにより，京都議定書は2005年2月に発効した。日本は，2005年1月に公布および告示し，同年2月から効力が発生している。

京都議定書は国家間での排出量取引のみを定めているが，より効果的な温室効果ガスの削減が可能な国内での排出量取引も行われている。しかしながら，排出量の上限を最初にどのように公平に割り振るかが問題であり，一律に割り振ると，既に省エネを徹底していた企業に利害関係が発生する問題がある。このため，オークション方式で排出権を購入する方式が広まりつつあるが，当初の購入資金が負担となることや，価格の変動による経営リスクが生じることが問題とされている。

共同実施とは，投資先進国（出資をする国）がホスト先進国（事業を実施する国）で温室効果ガス排出量を削減し，そこで得られた削減量を取引する制度であるが先進国全体の総排出量は変動しない。

3.2　最近の気候変動

3.2.1　環境異変

ここ数年の気象庁の会見では環境異変を意識して，自らの命は自ら守るという意識を持って，特別警報の発表を待つことなく，早目の避難をお願いすると呼びかけを聞くことが多くなっている。

地球温暖化によって海水が膨張し，IPCC第4次評価報告書によると過去100年で世界の平均海水面は17cm上昇した。気象庁によるとここ約100年間の日本沿岸の海面水位は明瞭な上昇傾向はみられない。主に海面の水位が上昇するこ

とにより，沿岸部を中心とした地域に広がる湿原や干潟で，塩分濃度の上昇や水没といった被害が出ると，世界各地の湿地環境が，大幅に減少するとみられている。これまでにないスピードで変化していく気候，多発する異常気象が引き起こす環境の変化は，さまざまな野生生物を，絶滅の淵へ追い込んでいる。野生の生きものたちの危機は，地球上のあらゆる生き物を支える自然の崩壊へつながる。

　海水温の上昇は，海のさまざまな生物にも影響を及ぼし，サンゴは水温の変化に弱く，地域的に死滅する可能性が指摘されている。また，二酸化炭素が海洋に吸収されることで，海水の酸性化が進み，植物プランクトン，動物プランクトン，サンゴ，貝類や甲殻類など，海洋生態系の基盤を担う多くの生物がその打撃を受ける。さらに多くの海洋生物の成長や繁殖に影響を及ぼし，海洋全体の生態系に大きな変化が起っている。

　IPCC（気候変動に関する政府間パネル）の第5次評価報告書は，このまま気温が上昇を続けた場合のリスクは，暑熱や洪水など異常気象による被害が増加，サンゴ礁や北極の海氷などの異変，マラリアなど熱帯の感染症の拡大，作物の生産高が地域的に減少，水源の水の減少，海面水位の上昇，多くの種の絶滅リスク，食料危機などである。

3. 2. 2　人類への影響

　21世紀中の地球温暖化は，極端な異常気象や海面上昇などの長期的な影響によって，大規模な人々の移住が視野に入っている。

　特に温暖化の影響に弱い途上国において，強く懸念されている問題で，すでに貧困や飢餓に苦しむ地域に，さらに温暖化の被害が加わることは，内戦や武装勢力などの間で生じる暴力的な紛争のリスクを増加させている。温暖化が多くの国の重要なインフラや領土に及ぼす影響は，国家安全保障問題に発展するおそれがあり，気温上昇が続くならば，温暖化は国の安全保障にまで関わる問題となる。

　多くの人々が，生活するための水を得にくくなり，乾燥した地域に住む人々や，氷河や雪に生活用水を頼っている人々は，その被害を受けやすくなる。山岳地域では，氷河が溶けることによって氷河湖ができ，それが決壊することで，大規模な洪水が起こりやすくなる。また，これらの山岳地帯は，世界の大河川の源流にあたるため，氷がなくなると，その河川の流域全体で水不足が起こる。今，世界では温暖化の弊害が次々に起きている。

　嵐や大雨などの異常気象が増えるため，沿岸地域では洪水や浸水の水害がひど

くなり，都市域では，極端な降水や内水洪水，沿岸洪水，地滑り，大気汚染，干ばつ及び水不足が，人々や，資産，経済，および生態的なリスクをもたらすことになる。

　気温や雨の降り方が変わると，農作物の種類やその生産方法を変える必要がある。経済力の無い小さな規模の農家はこれらの変化に対応するのが難しいため，農作物の生産性が下がる可能性がある。乾燥地域においては，土壌水分が減少することで，干ばつに見舞われる農地が増加する可能性が高い。

　食料の生産性が下がると，病気にかかる人や，飢餓状態に陥る地域が増える可能性がある。食料の生産性が下がるアフリカ地域で影響がひどくなると予想され，熱帯などの伝染病を媒介する生物の分布域が変わることで，免疫をもたない人々に病気が広がり，被害が拡大するおそれがある。

4　パリ大会（COP21）

　2015年11月30日〜12月13日にパリで第21回気候変動枠組条約締約国会議（COP21）が開催された。

〈大会の概要〉

　図3の第21回気候変動枠組条約締約国会議COP21で気候変動抑制に関する多国間の国際的なパリ協定が採択された。

図3　パリ協定締結
（引用：United Nations Framework Convention on Climate Change）

　1997年に採択された京都議定書以来，18年ぶりとなる気候変動に関する国際的枠組みであり，気候変動枠組条約に加盟する全196カ国全てが参加する枠組みとしては世界初であり，2020年以降の地球温暖化対策を定めている。2016年4月署名が始まり，同年9月に温室効果ガス2大排出国である中国とアメリカ合衆国が同時批准し，同年10月の欧州連合の批准によって11月に発効することになった。2016年11月現在の批准国，団体数は欧州連合を含めて110である。

　議長国であるフランスのローラン・ファビウス外相はこの野心的でバランスのとれた計画は地球温暖化を低減させるという目標で歴史的な転換点であると述べている。

　パリ協定の最大の特徴の1つとしてあげられるのが，各国が，削減目標を作成・提出・維持する義務と，当該削減目標の目的を達成するための国内対策をとる義務を負っていることである。なお，目標の達成自体は，義務とはされていない。各国の削減目標は下記である。

　日本は，2030年までに，2013年比で，温室効果ガス排出量を26％削減する。中国は2030年までに，2005年比で，温室効果ガス排出量を，60～65％削減する。EUは2030年までに，1990年比で，温室効果ガス排出量を国内で少なくとも40％削減する。

　米国は2025年までに，2005年比で，温室効果ガス排出量を26～28％削減するとは発表したが，2016年アメリカ合衆国大統領選挙に勝利して米国第一主義を政権運営の柱に据えたドナルド・トランプ氏は，地球温暖化は丁稚上げだと発言し，2017年6月に協定からの離脱を表明した。

　米国内でもワシントン州・ニューヨーク州・カリフォルニア州の3州はトランプ政権から独立してパリ協定目標に取り組む米国気候同盟を結成して，さらにマサチューセッツ州・ハワイ州など他の7州も加盟した。米国気候同盟の立ち上げを主導したカリフォルニア州知事ジェリー・ブラウンは結成直後に訪問した中国で中国が米国に代わって気候変動対策のリーダーシップを握ったとして中国政府との協力を表明した後，中国とクリーンテクノロジーのパートナーシップを結んだ。

　米国の500箇所を越える自治体と約1,700ものの企業もトランプ大統領を捨ててパリ協定を順守する決意をした。

　政権与党である共和党のミッチ・マコーネル上院院内総務は石炭産業やその労

働者を取り戻す決意を示したと高く評価し，トランプ大統領のパリ協定離脱表明を支持した。環境保護局（EPA）のスコット・プルーイット長官も米国のパリ協定離脱を批判している世界各国に対して離脱は正しい判断であり，米国として謝ることは何もないとトランプ大統領を擁護した。

2016 年 11 月の時点で，192ヶ国と欧州連合（EU）は，本協定を締結した。これらの当事者の 111ヶ国は，批准または協定に加盟している。

2019 年 12 月スペインのマドリードで開催されていた COP25 は，各国の足並みがそろわないまま閉幕した。世界の気温上昇を食い止めるため，今以上に温室効果ガスを削減する必要があると専門家が指摘するなか，各国政府の協調姿勢が試される機会となったが，削減目標の引き上げや詳細ルールなどで対立が続いた。合意文書は，現在各国が掲げる温暖化ガス削減目標と，パリ協定で採択された気温上昇を抑える目標の間に大きな差があることを認識しつつも，その差を縮めることが急務だと言及するにとどめた。

パリ協定が 2020 年から本格始動するなか，温暖化対策に積極的な国が，より大胆な目標を各国が打ち出すことが重要だと主張したが，中国，サウジアラビア，米国などが反発した。

温暖化ガスの排出量取引のルールを巡っても，対立が浮き彫りになった。排出量削減コストを抑えたい先進国などは排出量取引に前向きだが，ブラジルやオーストラリアが反対した。

パリ協定は，世界の国が初めて行った歴史的合意だった。今世紀末までに二酸化炭素を削減し，温暖化による気温上昇を 2℃ 以内に抑えること，そして，途上国に先進国が 1,000 億ドルを超える資金を援助することが決められた。

あとがき

　2020年5月25日安倍総理大臣から緊急事態宣言の解除が発表され，凍りついていた社会の時間が少しずつ動こうとしているが，2021年1月7日には第2回目の緊急事態宣言が発令され同年3月21日に解除された。2020年1月初旬に中国の武漢市で発生した新型コロナウイルスは数ヶ月で世界に蔓延した。70年前のカミュの小説ペストに表現されているがごとく，ある都市を突然，ペストが襲い，感染が広がり，人々はパニックに陥り，都市は封鎖され，そして，社会体制が大きく変化して中世の封建体制は崩壊し，近代体制を迎えた。まるで，現在の私たちは小説の世界に入りこんでいるみたいである。

　いまだ，具体的な感性防止対策はなく，治療も過去の経験の汚染防止対策で何とか防止している状態である。現状は世界規模で医学，遺伝子学，生物学，感染学，統計学などの専門家が感染率を計算して，外出禁止，都市封鎖および住民補助の支援が打ち出されている。多くの人は，自ら検温し，マスク着用，他人との距離指定，テレワーク，オンライン学習などで文明システムの危機的を感じながら過ごしている。生物学的な危機が，経済学的な機を誘発して，世界の大きな秩序の歯車がぎしぎしと軋みながら大逆転している。

　人類が青い地球に誕生したのは7万年前で，以降，人類は地球上の生物の王様として君臨して今日に至っており，近年のDNA分析では世界の人類のDNAはアフリカを起源としたホモサピエンスに類似していることが立証されている。

　約500年前に欧州で近代化が幕開し，科学革命が起こり，石炭，蒸気機関を動力源とする軽工業中心で発展したのが第一次産業革命である。次に，石油を動力源とする重工業中心で発展したのが第二次産業革命である。更に，コンピューターを使用した頭脳産業で発展したのが第三次産業革命である。

　今，ITを基軸に人工知能（AI）がインターネットとの連携（IoT）で世界の仕組みを根幹から変革する第四次産業革命の真っただ中である。

　これらの近代化の構造は，政治と経済が資源を提供して，科学が新しい力を提供する仕組みの連続である。その結果，人類は膨大なエネルギーの石油を手に入

れて，物流の道具の自動車を手に入れ，物質的に豊かな今日の社会が実現してきた。

　すなわち，近代の産業資本主義は，生産社会の活動のため，人の出生，育児，健康，事故，死に渡って関与し，これらの活動を学問の知識が支援して世界の動きがグローバル化してきた。

　これら近代化の立役者の石油産業は地球環境の改善の持続可能な開発目標（SDGs）のため，環境燃料および環境樹脂の供給産業に向かっており，自動車産業は誕生から100年を経て「連携化」「自動運転化」「共有化」「電動化」を開発目標に移動提供産業からサービス提供産業に向かっている。

　思い起こせば1970年にローマクラブが成長の限界を発表し，資源と地球は有限であり，地球環境と人類の限界に警鐘を鳴らしていが，コロナショックを起点として，世界のグルーバル化を進めてきた経済とテクノロジーの運動を一度根本的に考えなおす機会である。

　生き物ための環境を人類は経済の御旗で優先したが，ここで人類は生き物の次元を上がる時であり，人類は国家を超えた世界の生き物の悟りを開かなければならないと思う。

　世界の歴史に残る大事象が眼のまえで起こっている中でエネルギーに関わっている者として執筆した。

　本書の出版に当たり，大倉一郎名誉教授（前東京工業大学副学長），大橋裕一（愛媛大学学長），加藤明（今治明徳短期大学学長）に多大なご指導を頂いたことにお礼申し上げる。郷土の立ち位置でエネルギー政策に真摯に取組まれている石川勝行新居浜市長，玉井敏久西条市長，中村時広愛媛知事，郷土出身で国政でのエネルギー政策でご活躍されている衆議院白石洋一議員に敬意を表するものである。実母がお世話になっているおくらの里の村上仁美所長，太田恵理医師に感謝する。筆者の体調管理をお願いしている吉田整形外科（千葉県八千代市），本橋眼科（千葉県八千代市），深沢内科（千葉県八千代市）に感謝する。本書の編集会議の場所としてご提供して頂いた和食の千代（東京都千代田区神田錦町1-8親和ビルB1），お茶の㈱安永商会（熊本県宇土市旭町166-4），かどや虎の門（東京都港区西新橋2-13-2），堺サンホテル石津川（堺市西区浜寺石津町西3-4-25），舟徳（熊本市中央区下通1-11-15）に感謝する。最後に，前経済産業省エネルギー長官高原一郎氏に謹呈できることが楽しみである。

文　　　献

はじめに
1) 厚生労働省のホームページ
   https://www.mhlw.go.jp/stf/seisakunitsuite/bunya/0000164708_00001.html
2) 日本医師会のホームページ
   http://www.med.or.jp/doctor/kansen/novel_corona/
3) 世界保健機関（WHO）のホームページ
   https://extranet.who.int/kobe_centre/ja/news/COVID19_specialpage

第1章
1) 酒井シヅ編著，疾病の時代，大修館書店（1999）
2) 速水融，日本を襲ったスペイン・インフルエンザ，藤原書店（2006）
3) 立川昭二，明治医事往来，講談社学術文庫（2013）
4) アルフレッド・クロスビー，西村秀一訳，史上最悪のインフルエンザ，みすず書房（2009）
5) 野中郁次郎，失敗の本質，中央文庫（1991）
6) 世界保健機関の飛まつに関する報告書
   https://www.who.int/water_sanitation_health/publications/natural_ventilation/en/
7) 新型コロナウイルスの報告書
   https://www.who.int/emergencies/diseases/novel-coronavirus-2019/question-and-answers-hub/q-a-detail/q-a-coronaviruses

第2章
1) 愛媛県スゴ技のホームページ
   https://www.sugowaza-ehime.com/
2) TBS下町ロケットのホームページ
   https://www.tbs.co.jp/shitamachi_rocket/
3) 愛媛県のコロナ対策のホームページ
   https://www.pref.ehime.jp/h25500/kansen/covid19.html
4) FMラヂオバリバリのホームページ
   http://www.baribari789.com/
5) 小宮山真，平井英史，有合化，**44**，49（1986）

6) 原田一明，澱粉科学，**26**，198（1979）
7) 掘越弘毅，中村信之，化学と生物，**17**，300（1979）

第3章

1) スコットギャロウエイ，渡会圭子訳，GAFA，2018，東洋経済新報社
2) グーグルのホームページ
   https://ja.wikipedia.org/wiki/Google
3) アップルのホームページ
   https://ja.wikipedia.org/wiki/Apple
4) フェイスブックのホームページ
   https://ja.wikipedia.org/wiki/Facebook
5) アマゾンのホームページ
   https://ja.wikipedia.org/wiki/Amazon.com
6) リチウム電池の報告書
   https://ja.wikipedia.org/wiki/リチウム電池
7) 吉野彰のホームページ
   https://ja.wikipedia.org/wiki/吉野彰
8) 総理府のホームページ（第四次産業革命）
   https://www5.cao.go.jp/keizai3/2016/0117nk/n16_2_1.html
9) 経団連のホームページ（働き方）
   https://www.keidanren.or.jp/policy/2020/040.html
10) 文部科学省のホームページ（新型コロナウイルの対策）
    https://www.mext.go.jp/a_menu/coronavirus/index.html
11) 公文式教育のホームページ
    https://www.kumon.ne.jp/
12) 厚生省のホームページ（医療）
    https://www.mhlw.go.jp/stf/seisakunitsuite/bunya/0000121431_00088.html
13) 公益財団法人ニッポンドットコムのホームページ
    https://www.nippon.com/ja/in-depth/d00561/

第4章

1) 経済産業省の総合エネルギー統計
   http://www.enecho.meti.go.jp/statistics/total_energy/
2) 野村総合研究所のホームページ

https://www.nri.com/jp/service/solution/mcs/ind_ene

3) 一般財団法人日本エネルギー経済研究所のホームページ
https://eneken.ieej.or.jp/

4) 一般財団法人石油エネルギー技術センターのホームページ
http://www.pecj.or.jp/japanese/index_j.html

5) 橘川武郎, 石油産業の真実, 石油通信社新書 (2015)

6) 一般財団法人石炭エネルギーセンターのホームページ
http://www.jcoal.or.jp/

7) 独立行政法人石油天然ガス・金属鉱物資源機構のホームページ
http://www.jogmec.go.jp/

8) 原子力委員会のホームページ
http://www.aec.go.jp/index.html

9) 石油連盟のホームページ
http://www.paj.gr.jp/statis/

10) シェールガス・オイル
https://ja.wikipedia.org/wiki/シェールガス

11) 米国石油技術者協会 (SPE) のホームページ

12) 太陽石油㈱のホームページ
http://www.taiyooil.net/

13) コスモ石油㈱のホームページ
https://coc.cosmo-oil.co.jp/

14) 出光興産㈱のホームページ
http://www.idemitsu.co.jp/

15) ENEOS㈱のホームページ
https://www.noe.jxtg-group.co.jp/

16) 百田尚樹, 海賊とよばれた男, 講談社 (2012)

17) 渡文明, 未来を拓くクール・エネルギー革命, PHP研究所 (2012)

18) 石油学会, 新阪石油精製プロセス, 講談社 (2018)

19) 石油製品需給動態統計調査
http://www.enecho.meti.go.jp/statistics/petroleum_and_l

20) 寺谷彰悟ら, ペトロリオミクスを活用した流動反応連成シミュレーション技術の開発石油学会 年会・秋季大会講演要旨集, 51 (2017)

21) 経済産業省資源エネルギー庁のホームページ
http://www.enecho.meti.go.jp/about/special/johoteikyo/oilcompany.html

22) 幾島賢治, 世界中で水素エネルギー社会が動き出した—30年後に結願とな

る，シーエムシー出版（2014）

24) IH テクノロジー㈱のホームページ
   http://www.ih-tec.com/

25) 日本インツルメンツ㈱のホームページ
   https://www.hg-nic.com/

26) 野村興産㈱のホームページ
   https://www.nomurakohsan.co.jp/

27) 大阪ガスケミカル㈱のホームページ
   http://www.ogc.co.jp/

28) 双葉化学㈱のホームページ
   https://futabachem.co.jp/

29) 山浦弘之ら，石油学会 年会・秋季大会講演要旨集 2018, 165, 2018

30) 愛媛大学のホームページ
   https://www.ehime-u.ac.jp/

31) 新エネルギー・産業技術総合開発機構（NEDO）のホームページ（人工光合成）
   https://www.nedo.go.jp/news/press/AA5_101013.html

32) 理化学研究所のホームページ
   http://www.riken.jp/

33) 日本化学会，人工光合成と有機系太陽電池—最新の技術とその研究開発，編，化学同人社（2010）

35) 福住俊一，ファルマシア，53, 898, （2017）

36) 大阪市立大学のホームページ，
   https://www.osaka-cu.ac.jp/ja/news/2011/1056

37) Yasufumi Umena etc., Crystal structure of oxygen-evolving photosystem II at a resolution of 1.9 Å, Nature, **473**, 55 (2011)

38) 千葉県立産業科学館のホームページ
   http://www2.chiba-muse.or.jp/SCIENCE/index.html

39) エクソン・モービルのホームページ
   https://corporate.exxonmobil.com/

40) シェルのホームページ
   https://www.shell.com/

41) シェブロンのホームページ
   https://www.chevron.com/

第5章

1) ゼネラルモーターズのホームページ
https://ja.wikipedia.org/wiki/GM

2) フォードモータのホームページ
https://ja.wikipedia.org/wiki/フォード

3) クライスラーのホームページ
https://ja.wikipedia.org/wiki/クライスラー

4) ジョン・デイヴィソン・ロックフェラー・シニア
https://ja.wikipedia.org/wiki/ロックフェラー

5) ヘンリーフォード
https://ja.wikipedia.org/wiki/ヘンリーフォード

6) ユーリイガガリン
https://ja.wikipedia.org/wiki/

7) トヨタ自動車のホームページ
https://global.toyota/jp/

8) ホンダ自動車のホームページ
https://www.honda.co.jp/

9) 日産自動車のホームページ
http://www.nissan.co.jp/

10) テスラのホームページ
https://ja.wikipedia.org/wiki/テスラ

11) 経済産業省のホームページ（電気自動車の将来）
https://www.meti.go.jp/policy/automobile/evphv/index.html

12) 電気事業連合会のホームページ
https://www.fepc.or.jp/smp/nuclear/state/setsubi/index.html
https://ja.wikipedia.org/wiki/

13) 経済産業省のホームページ（水素ステーション）
https://www.meti.go.jp/press/2018/03/20190312001/20190312001.html

14) 幾島賢治，燃料電池の話，化学工業日報（2003）

15) CASE の報告書
https://jidounten-lab.com/y-case-connected-autonomous-shared-electric

16) 富士重工㈱ホームページ
https://ja.wikipedia.org/wiki/SUBARU

第6章

1) 環境省のホームページ（京都議定書）
http://www.env.go.jp/earth/ondanka/10year/index.html

2) 庄司光，宮本憲一，日本の公害，岩波新書（1975）

3) パリ協定の報告書
https://ja.wikipedia.org/wiki/パリ協定

4) 環境省白書のホームページ
https://www.env.go.jp/doc/

5) アル・ゴアのホームページ
https://ja.wikipedia.org/wiki/アル・ゴア

6) COP25 のホームページ
https://unfccc.int/cop25

あとがき

1) ユヴァル・ノア・ハラリ，柴田裕之訳，サピエンス全史，河出書房新社
（2016）

表紙デザイン：吉田 理彩奈

執筆協力者（敬称略）

長井明久 （元太陽石油）

本宮精一 （元日本自動車工業会）

村上正幸 （元株式会社 JOMO エンタープライズ）

浜林郁郎 （石油連盟広報室）

財部明郎 （元三菱石油）

八尋秀典 （愛媛大学）

山浦弘之 （愛媛大学）

菅 伸二 （ダイソーエンジニアリング）

田中隆史 （ダイソーエンジニアリング）

窪崎伸之 （ダイソーエンジニアリング）

筑木勝也 （ダイソーエンジニアリング）

吉田朋喜 （日産化学）

町井嘉行 （コスモエンジニアリング）

Charles Brumlik （元エクソン主任研究員）

鈴木良幸 （中東協力センター）

山本総一 （出光・昭和シェル石油）

大平博生 （双葉化学）

関 健司 （大阪ガスケミカル）

井崎彰吾 （大阪ガスケミカル）

井上光浩 （富山大学）

坂本宗由 （戸田工業）

著者略歴

幾島賢治 （Kenji Ikushima）

1950 年　愛媛県新居浜市生まれ。

1974 年　東京電機大学卒業後，太陽石油㈱入社し，製造，原油，製品販売及び企画等の業務を経験。

1998 年　東京工業大学より環状化合物分子挙動で工学博士を授与。同年経済産業省管掌の石油エネルギー技術センター主任研究員として，燃料電池及び GTL（ガス液化技術）の国内導入の総括。米国エネルギー省，エクソン，シェル，英国石油等の国際石油メジャーの要職との親交

2003 年　太陽石油㈱研究長として，石油製品中の水銀装置の開発および他石油会社への導入実績で石油学会技術進歩賞受賞。

2004 年　四国 FC 会（異業種交流会）を設立。

2007 年　今治 FM バリバリ「今日のエコより明日のエコ」のパーソナリティー。

2008 年　経済産業省管掌の国際石油・ガス協力機関参事として，中東諸国への技術指導でオマーン王立スルタン・カブース大学から功労賞を受賞。中東産油国及び東南アジア産油国等の要人との親交。

2012 年　国立愛媛大学客員教授に就任。同年 IH テクノロジー㈱入社。専務取締役

幾島嘉浩 （Yoshihiro Ikushima）

1983 年　千葉県生まれ（長男）

2008 年　IH テクノロジー㈱を設立。代表取締役社長

2018 年度　石油製品中の硫化水素除去装置の開発で石油学会技術進歩賞受賞，同年愛媛のスゴ技に認定される。

幾島將貴 （Masataka Ikushima）

1986 年　千葉県生まれ（次男）

2009 年　IH テクノロジー㈱に入社。代表取締役副社長

2018 年度　石油製品中の硫化水素除去装置の開発で石油学会技術進歩賞受賞，同年愛媛のスゴ技に認定される。

石油産業と自動車産業のグリーンリカバリー

2021 年 5 月 25 日　第 1 刷発行

著　　者	幾島賢治，幾島嘉浩，幾島將貴	(B1374)
発 行 者	辻　賢司	
発 行 所	株式会社シーエムシー出版	
	東京都千代田区神田錦町 1 − 17 − 1	
	電話 03（3293）2065	
	大阪市中央区内平野町 1 − 3 − 12	
	電話 06（4794）8234	
	https://www.cmcbooks.co.jp/	
編集担当	吉倉広志／古川みどり／門脇孝子	

〔印刷　倉敷印刷株式会社〕

ISBN978-4-7813-1587-4　C3050　¥1500E